辽宁省教育厅 2021 年高等学校基本科研项目：新时代公民生态文明观培育研究，编号：LJKR0266

# 生态文明理论研究与建设路径探索

马兆俐　郭　霞◎著

吉林出版集团股份有限公司
全国百佳图书出版单位

图书在版编目（CIP）数据

生态文明理论研究与建设路径探索 / 马兆俐 , 郭霞
著 . -- 长春 : 吉林出版集团股份有限公司 , 2023.6
　ISBN 978-7-5731-3934-4

　Ⅰ . ①生… Ⅱ . ①马… ②郭… Ⅲ . ①生态环境建设
—研究—中国 Ⅳ . ① X321.2

中国国家版本馆 CIP 数据核字（2023）第 126877 号

# 生态文明理论研究与建设路径探索

SHENGTAI WENMING LILUN YANJIU YU JIANSHE LUJING TANSUO

著　　者　马兆俐　郭　霞
责任编辑　李婷婷
封面设计　李　伟
开　　本　710mm×1000mm　　　1/16
字　　数　150 千
印　　张　9.25
版　　次　2024 年 3 月第 1 版
印　　次　2024 年 3 月第 1 次印刷
印　　刷　天津和萱印刷有限公司

出　　版　吉林出版集团股份有限公司
发　　行　吉林出版集团股份有限公司
地　　址　吉林省长春市福祉大路 5788 号
邮　　编　130000
电　　话　0431-81629968
邮　　箱　11915286@qq.com
书　　号　ISBN 978-7-5731-3934-4
定　　价　69.00 元

作者简介

马兆俐 女，1974年11月生，东北大学哲学博士，现任大连海洋大学马克思主义学院教授，主要研究方向为科学技术哲学、马克思主义理论等。在国内核心期刊发表论文三十余篇，出版专著两部，主编教材四部，主持辽宁省社科基金、辽宁省教育厅等省级课题八项，参与各类国家、省、市级课题二十多项。

郭 霞 女，1973年1月生，大连海洋大学马克思主义学院副教授。1996年8月毕业于辽宁大学哲学系，获哲学学士学位，2003年8月毕业于清华大学人文学院，获法学硕士学位，现从事马克思主义基本原理的教学与研究工作。主要讲授课程为"马克思主义基本原理概论""马克思主义哲学""形势与政策"等。近年来发表学术论文二十余篇，参编教材两部，主持省社科基金、省教育厅、省高教协会、大连海洋大学科研课题八项，参与各类国家、省、市级课题共计二十多项。曾荣获校优秀教学奖、辽渔基金优秀教学人员奖、大连海洋大学教书育人先进个人、辽宁省思想政治理论课"精彩一课"教学评比一等奖等奖项。

# 前　言

文明是人类文化发展的成果，是人类改造世界的物质财富和精神财富，也是人类进步的重要标准。在西方，文明一词最早见于古希腊时期，当时指的是一座城邦，是这座城邦的代称。

人类可以凭借自己的智慧能动地改造自然，但人对自然的改造活动必须遵循自然的规律，在尊重自然的基础上改造自然。人类的生存与发展应该时刻保持在自然的承受范围内，这样才有利于双方的共同发展。

文明的实质就是人类对人类与自然关系的一个认识的把握。把握人类文明演进的过程就是要准确把握人与自然的相处模式，理解二者的关系。纵观人类文明的发展史，人类的文明共经历了四个时代，从最开始的人类以狩猎采集为主的原始文明时代，到种植业和养殖业相辅相成的农业文明时代，再到大规模机器生产的工业文明时代，之后到了当今注重生态保护的生态文明时代。这些文明都是人与自然相互作用的产物。人类在利用自然的基础上，对自然造成了不可逆的影响。同样，自然在人类活动的影响下，也对人类产生了或好或坏的重大影响。总之，这些文明是人类社会发展的产物，对人类社会发展具有突出贡献，但是，这些文明也在生态环境方面给人类留下了许多深刻的教训。生态文明是在原始文明、农业文明和工业文明的基础上演变而来的，梳理人类文明发展的历程对于认识生态文明具有重要的意义。

《生态文明理论研究与建设路径探索》一书，共设五章，分别为生态文明概述、中国生态文明建设发展历程、中国生态文明建设的战略定位、生态文明建设的主要内容、生态文明建设路径探索。第一章生态文明概述从生态文明的含义、生态文明产生的背景、生态文明建设的理论基础三个方面进行论述；第二章中国生态文明建设发展历程的主要内容为人口资源环境的统筹兼顾、人口资源环境基本国策的确立、可持续发展战略的确立和实施、生态文明的萌芽与提出、生态文明新时代的开拓五个部分；第三章中国生态文明建设的战略定位从"美丽中国"

目标下的生态文明建设、"五位一体"总体布局下的生态文明建设、"四个全面"战略布局下的生态文明建设三个方面进行阐述；第四章生态文明建设主要内容从生态文明文化建设、生态文明法治建设、生态文明科技建设三个方面介绍；第五章生态文明建设路径探索从生态文明体制建设路径探索、农村和城市生态文明建设路径探索、生态文明建设深化改革路径探索三个方面进行介绍。

在撰写本书的过程中，作者得到了许多专家学者的帮助和指导，参考了大量的学术文献，在此表示真诚的感谢！限于作者水平有限，本书难免存在一些疏漏，在此，恳请同行专家和读者朋友批评指正。

作者

2023 年 2 月

# 目　录

# 第一章　生态文明概述

迈入工业社会以来，工业化的生产和科学技术的不断发展，人类创造了巨大的财富，改变了自然和社会。但是，随着工业文明出现的环境污染、生态破坏和资源短缺以及与之相适应的管理模式，引发了世界性的生态危机。为了化解危机，使经济和社会得以持续发展，就必须对旧的文明模式进行扬弃，在农业文明、工业文明的基础上，以信息文明为手段，把人类推向生态文明。本章主要对生态文明进行了概述，介绍了生态文明发展的背景和生态文明建设的理论基础。

## 第一节　生态文明的含义

生态文明是人类在适应自然、利用自然过程中建立的一种以人与自然和谐共生为基础的生存和发展方式。它有三个层面的含义：一是人类文明发展的新时代，二是社会进步的新发展观，三是生态文明的实践探索。

### 一、生态文明是人类文明发展的新时代

经过了采猎文明、游牧文明、农业文明、工业文明之后，人类文明步入一个崭新的时代，学术界把这一新时代称为后工业文明、信息文明、生态文明等。回眸工业文明及以前人类所走过的文明历程，在处理人类与自然界的关系时，人们始终是强调去征服自然、改造自然，人与自然处于对立的状态。生态文明强调在尊重自然规律的基础上改造自然和利用自然，与自然和谐共生，使人类文明或地球文明进入真正意义上的文明时代。

### 二、生态文明是社会进步的新理念和发展观

工业文明以前的文明形态割裂了人与自然的关系。现在，人类必须摒弃"以

人为中心"的发展观,而提倡"人与自然和谐发展"的生态文明发展观,重建环境、经济、政治、文化、科技和社会发展的伦理和哲学基础,这样才能将人类推向文明进步的更高阶段。

生态文明观是指人类处理人与自然关系,以及由此引发的人与人的关系、自然界生物之间的关系、人工与自然的关系和人的身与心(我与非我、心灵与宇宙)的关系的基本立场、观点和方法,是指在这种立场、观点和方法指导下,人类取得的积极成果的总和。

作为内涵具有多样性的文明新理念,生态文明观是一种新的生存意识与发展意识的文明观念,继承和发扬了农业文明和工业文明的长处,以人类与自然相互作用为中心,以信息文明为管理手段,强调自然界是人类生存与发展的基础,人类社会是在这个理念下与自然界发生相互作用、共同发展的,两者必须协调,只有这样,人类的经济社会才能持续发展。生态文明观的核心内容是"和谐共生"。

## 三、生态文明建设

从实践层面看,生态文明是一场以生态公正为目标、以生态安全为基础、以新能源革命为基石、以现代生态科技为技术路线、以绿色发展为路径的全球生态复兴运动。

生态公正体现了人们在适应自然、利用自然的过程中对于权利和义务、所得与投入的一种公正评价。生态安全是人类生存和发展的最基本的安全需求,与国防安全、经济安全、科技安全和社会安全等具有同等重要的战略地位。在此基础上,社会的发展不是简单的污染治理,而是在生态化的科学技术不断发展的前提下,以新能源革命和资源的合理配置为条件,以绿色发展为路径,改变人类的行为模式、经济和社会发展模式,通过资源创新、技术创新、制度创新和结构生态化,降低人类活动对环境的压力,实现环境保护和经济发展双赢的目标。这就是在全球范围内推进生态现代化建设的进程。

生态文明建设可以从不同的层面来考察:在国际层面上,需要搭建国际合作新平台,倡导国际合作与全球伙伴关系,各国政府和国际组织要加强沟通和协调;在政府层面上,主要是管理区域生态环境,制定相应的游戏规则;在企业层面上，要严格贯彻执行相应的法律、法规，履行社会责任；在公众层面上，主要是践行低碳生活，实现生态文明建设的公众参与。具体来说，生态文明建设包括生态文明的环境建设、经济建设、政治建设、文化建设、科技建设和社会建设等内容。

各个国家、地区乃至全球，要坚持维护经济发展、生态保护、文化传承、社会进步的平衡，强调经济效益、生态效益、人文效益和社会效益的有机统一，并通过生态文明指数来衡量生态文明建设的程度。

## 第二节　生态文明产生的背景

工业文明以科学技术为第一生产力，创造了巨大的物质财富和精神财富，并以日益延伸的信息高速公路将人类及地球表层网络成地球村。工业文明成为人类社会现代化的主流模式，引领着世界各国发展的潮流。工业文明真的能把人类带上光辉的发展前途吗？全球生态危机向人们提出了这个值得人们深思的问题。工业文明的基础是有足够的可再生资源和不可再生资源，以及科学技术能不断地开发出足够的替代资源。然而，资源短缺和科学技术在限定的时段内难以开发出足够的替代资源这一事实动摇了这一基础。工业文明的生产活动的废物、废水、废气严重破坏了人类赖以生存和发展的环境。缺乏生态文明的伦理价值取向的工业经济行为，必然导致一系列环境与发展的矛盾，对人类的生存和发展形成极大的威胁。因此，只有改变人类的生产和生活方式，实现生活、生产与生态的"三生共赢"，将人类推向生态文明，才能实现人类的持续发展。

### 一、时代的召唤

以史为鉴，增识明智，继往开来。20世纪是科学技术飞速发展和创造奇迹的时代，是工业革命翻天覆地、海阔天空的时代，是资本主义全球化发展、财富空前增长的时代，也是自由资本主义终结、垄断资本主义和帝国主义霸权横行的时代。随着工业文明的迅猛发展，世界人口爆炸式增长，资本扩张欲望再次极度膨胀，资源开发达到空前的深度、广度，全球自然资源迅速耗竭、全面短缺，环境污染持续加剧，生态环境严重恶化，前所未有的环境危机降临，已经威胁到人类长远的生存和发展。在这个时代，人类既面临着和平与发展问题，也面临着严峻的人口、资源、环境问题。两大类问题相互交织，纷繁浩杂。

**（一）科学技术突飞猛进**

20世纪，科学技术发展日新月异，科技成果井喷涌现。电灯普及，黑夜从此不再静寂；飞机上天，开启了人类飞行时代；无线电传真机问世，信息瞬时通达；雷达出现，人类有了千里眼、顺风耳，以及电视机的普及、青霉素的使用，都使人类的生活方式发生改变，现代化生活开启。酚醛塑料制成、尼龙66合成、橡胶合成，三大化学合成材料大量进入人类生活，生活的化学时代开始，直至泛滥成灾。有机化学农药合成成功并应用，连同化肥的广泛应用，化学农业时代开启，在生产更多商品粮食的同时，一场影响深远的生态危机也悄然而至。发现核能，制造出原子弹，成功用于发电，原子能时代到来，第三次工业革命开始了。世界上第一台机械式计算机诞生，随后晶体管计算机问世，大规模集成电路诞生，计算机普及应用，计算机网络形成，从此一个狂飙疾进的科技领域形成了。这成为改变生产、改变生活的强大力量，使得世界各地可以频繁互联，"地球村"的概念产生了。DNA结构的发现，使得遗传密码被破译，生命的奥秘开始解密，影响人类未来的基因工程从此诞生。人造地球卫星上天，航天时代开始。在20世纪，世界完成了以电气化为标志的第二次工业革命，开启并推进了以原子、电子和信息化为代表的第三次工业革命，人类取得了超越以往数千年的进步和成就，科技在经济中的作用迅速提高。科技是第一生产力，世界进入知识经济时代。科技改变了经济结构，改变了社会结构，改变了地球环境，也改变了人类，改变了生活，改变了时空概念，突破了国家、民族、边界、地域等传统观念，一个全新的时代呼之欲出。

20世纪是工业化迅猛发展、世界资本主义最为辉煌的时代。资本急速扩张，经济快速发展，财富空前增加，形成了世界贸易、世界市场、世界金融，产生了富可敌国的垄断财团，由财团垄断而发展至国家垄断，进而发展为国际垄断，自由资本主义至此终结，以垄断为特征的帝国主义经济迅速成长，经济全球化成为其显著特征。

### （二）社会主义苏联异军突起

1917 年，十月革命成功，建立社会主义制度，无疑是 20 世纪最重大的历史事件之一。十月革命是马克思主义的伟大胜利，是人类第一次消灭剥削压迫的伟大尝试。

无产阶级国家大业初开，一切从无到有，一切须从头做起。1918 年，苏联开始实行战时共产主义，控制粮食、工厂和铁路国有化，组建红军，粉碎了十四个帝国主义国家的联合武装干涉，稳住了新生的政权。1921 年，苏联实行新经济政策，使遭受破坏的经济得以恢复。1928 年开始，苏联创造性地实施第一个五年计划，提前 9 个月完成计划，使农业俄国变成工业苏联。1933 年，苏联开始第二个五年计划，发展目标转向重工业优先。到 1937 年，苏联已成为工业强国，工业产值升至欧洲第一。苏联实行计划经济聚力聚智，用十年时间建立起完整的工业体系，并在资本主义世界产能过剩、经济大萧条之际，乘机借力，快速实现了两个五年计划目标。1938 年，鉴于德国、日本、意大利等国扩军备战的威胁，苏联将"三五计划"的重点转向军工，同样取得飞速发展。正是不失时机的工业化，使苏联国力得到极大提高，为迎战法西斯德国的强大进攻奠定了基础，成为最终赢得"第二次世界大战"的胜利之本。

1946 年，苏联实施"四五"计划，苏联迅速地实现了经济恢复和国家重建。但是，其农业集体化政策遭遇失败，1953 年苏联的人均粮食产量比 1913 年还低。苏联开创了前所未有的公有制经济和计划经济新模式，并取得超乎寻常的工业化成果。

### （三）中华人民共和国成立

中华人民共和国的成立，标志着占世界四分之一的人口获得了解放。中国特色社会主义制度，与几千年封建统治的彻底决裂，是一个全新世界的曙光初现。中国奉行和平、民主、文明，中华民族正在强势复兴中。她的百年奋斗成功史具有无限的感召力，她高举的和平、发展大旗代表了公平、正义、自由、民主，她的悠久文明更具有引领未来的伟大潜力。在中国共产党领导下，以社会主义立国的中华人民共和国走向富强、民主、文明、和谐。社会主义中国傲然屹立于世界东方。中华人民共和国的成立具有划时代的伟大意义。

## 二、人类难题：人口—资源—环境

20 世纪科技与工业文明的高速发展，极大地提高了社会生产力，为人类提供了更多的粮食、药品和其他生活资源，促成了更高的人口出生率、更低的人口死亡率、更长的人均寿命，于是出现了人口的爆炸式增长。同时，出现了地球自然资源匮乏、环境污染和生态破坏等重大环境问题。这些问题愈演愈烈，成为人类必须面对的新的时代难题。

### （一）世界人口爆炸式增长，自然资源全面短缺

人口，历来被看作力量的象征，人口增长是兴旺的标志。研究表明，人口增长遵循指数规律，起初很小，逐渐增加，当达到某种程度后，就会出现暴涨状态。在远古时代，全球人口翻一番大约需要 3 万年。19 世纪中期，世界人口才达到 10 亿人。此后，世界人口进入爆炸式增长期。增加第二个 10 亿人，用了 80 年。增加第三个 10 亿人，用了不足 30 年。增加第四个 10 亿人，只用了 15 年。增加第五个 10 亿人，仅用了 12 年，1987 年全球人口达到 50 亿人。在 20 世纪，世界新增 47 亿人。预计到 2050 年，世界人口将达到 100 亿人之多。[①]

世界人口发展的另一个趋势是人口城市化，即人口向城市集中。1960 年，世界城市人口占比为 33.6%，1985 年上升至 41.6%，2000 年达到 47%，超过 100 万人口的城市达到 410 个。[②] 现在，世界过半人口居住在城市，工业化生产还在不断加快这个进程。与此同时，人口向城市的高度聚集也导致"城市病"——住房与交通拥挤，环境污染，疾病和患病风险增加，还增加了资源和能源消耗，出现贫民窟等社会问题。农村人口流向城市，农业发展受挫，城市人口集中，贫富差距更大，构成恶性循环，形成严峻挑战。

人口与发展，在不同的历史时期有着不同的关系：在农业社会，人口即人手，劳动力就是生产力，人力是农业生产力的主要动力因素，所以，有"人多力量大""多子多福"之说。在工业化社会中，人力虽仍然重要，但只有具有一定文化素养、有一定技能或能够使用工业工具者才是有效劳动力。一无所长的人不

---

① 联合国 . 联合国世界人口展望 2022 报告 [EB/OL].[2023-01-19].https://www.un.org/development/desa/pd/content/World-Population-Prospects-2022.
② 崔丹，李国平 . 国际大都市人口发展新态势 [EB/OL].（2021-11-11）[2023-01-12].https://epaper.gmw.cn/gmrb/html/2021-11/11/nw.D110000gmrb_20211111_1-14.htm.

再是人手，反而异变为"人口"。人口与人手不再等同。另外，在任何社会时期，过多的人口都必然是社会负担。新生人口过多会耗尽一切生产剩余，导致无力投资再生产和提高生产技术，也无力发展教育以培养高素质劳动者，从而导致经济落后和贫困。现在，世界最不发达地区也往往是人口增长高地，饥荒和动荡也常与人口过多和贫穷相关。中国实践证明，控制人口过度增长，聚力投资发展经济，扫除生育落后观念，方可走出"越穷越生，越生越穷"的人口陷阱。

人口压力过大是影响资源环境的重要因素。人口增长，粮食需求增加，垦耕规模随之扩大。耕地来源，一是砍伐森林，二是开垦草原，其结果往往是森林减少、土地沙化、气候恶化、灾害增加。一部人口增长的文明史，也是地球森林不断减少的历史。20世纪后半叶，世界人口猛然增长一倍，森林覆盖率相应减少一半。水源枯竭、水土流失、物种减少，都是森林减少的直接恶果。农业垦耕扩张导致的土壤退化、土地沙漠化，成为世界性难题。工业经济发展、人口爆炸式增长、人均消费提高等多种因素共同加剧着地球自然资源的紧缺。工业化生产和商品经济所具有的无穷增长潜力、无限增长欲望，助推着浪费性消费增长，共同加剧了自然资源的开发，造成人口增长—资源匮乏—环境污染—生态恶化的恶性循环。

**（二）世界环境污染加剧，全球性环境问题呈现**

20世纪，随着工业化的迅猛发展，前所未有的环境污染接踵而至，世界上发生了多起严重的环境公害事件。环境污染问题由局部扩展到全球，成为威胁人类生存和发展的世界性难题。其中，最受关注的是温室效应、全球变暖、化学废物污染、大气臭氧层被破坏、海洋污染、森林被破坏、生物多样性丧失等问题。

1.温室效应问题

太阳光能辐射到地球表面，地面将部分光能反射回空中，冷热相持，稳定平衡。太阳入射光的波长较短，大气层允许其全部透过；地面反射光的波长较长，大气层阻挡其漏散，使热量得以保存，地球表面因之温暖，这就是温室效应。产生温室效应的气体称为温室气体。空气中温室气体越多，温室效应也就越强。主要的温室气体是二氧化碳和甲烷，这两种气体量大且效强。另有氧化亚氮等，其含量少，作用亦有限。

## 2. 全球变暖问题

地球大气中温室气体增加主要由化石燃料燃烧排放所致。植被遭破坏、土地被利用，都会造成其有机物被分解，生成二氧化碳并释放到大气中，每年二氧化碳的排放量可达几百亿吨。甲烷的年增量达数亿吨，主要来源于湿地、稻田等生物的厌氧氧化。温室气体大量排放，不能完全被土地和海洋吸纳，就会在大气中积累。大气储热能力也因之增加，温度升高，气候随之变化。

地球升温，气候变化，造成的影响是多方面的，其最大危害是全球海平面上升，沿海低地和岛屿将受到显著影响。观测表明，气候变暖已使两极冰盖变薄、冰川融化。温度升高还可导致海水膨胀，使海平面升高，这一过程虽缓慢，但量变会导致质变，其造成的影响难以估量。

## 3. 化学废物污染问题

随着科技进步，现代人类可以说是生活在化学世界中。世界已知的化学品已达七百多万种，普遍使用的化学品也有八万种之多。任何化学品在生产过程中都有化学废物产生。化学品在使用后又会作为废物被抛弃，最终都进入环境。化学革命提供了无比丰富的物质供人使用，产生的化学污染也毒害了人类的生存环境。现今，化学污染事件频繁发生，而隐存的化学污染和毒害作用更为普遍。化学农药污染的粮食蔬菜，化学激素喂养的猪、牛、鸡、鸭，化学香料勾兑的食品、生活用品，形形色色的化学制品污染着空气和水体，充斥了衣、食、住、行的方方面面。广泛应用化学制品，生产、生活化学化，化学污染毒害和"三致"（致突变、致癌、致畸）作用，都是工业化的必然产物，利弊相伴，祸福同在。其中，最为突出的问题是化学废物的污染扩散，尤其是从发达国家向不发达国家的污染转移，危害将变得难以控制。因此，对污染严重的化学废物实施管控，也成为国际一个重要的合作领域。

依据化学特性和生物学效应，可以将化学废物区分为普通和危险两类。凡具有化学反应毒性、腐蚀性、爆炸特性者，均划定为危险废物，并采取法定的贮存运输处置规则进行管理。全世界危险废物年产量以十亿吨计，化工和有色金属工矿业为其主要来源。危险废物处理处置代价很高，处理处置不当或贮存设施渗漏常造成严重污染，对地下水危害尤大。现今发现的危险废物污染只是冰山一角，未发现的远大于已发现的。为控制危险废物从发达国家向发展中国家转移，国际上签订了专门的《控制危险废料越境转移及其处置巴塞尔公约》（以下简称《巴塞尔公约》）。《巴塞尔公约》规定，产生的危险废料须在产生国处置、减量、妥善处理，实行废物跟踪机制，防止废物越境和转嫁污染。

4. 大气臭氧层破坏问题

臭氧层是指含少量臭氧的大气平流层。这个圈层具有过滤紫外线、保护地球生物的作用。臭氧可以阻挡太阳紫外线，臭氧减少则紫外线就增加。臭氧减少一成，紫外线增加二成。紫外线辐射增加会导致皮肤癌患者增多。植物受紫外线危害，农林业会因之减产。海藻对紫外线辐射增加特别敏感，海藻变化会改变食物链基础，从而可能使海洋生态系统发生改变。在 20 世纪，科学家经观察发现，大气层臭氧浓度在持续减少，臭氧层在"变薄"，南极还出现了"空洞"。经研究，氟氯烃是消耗臭氧的"首恶"，氧化亚氮为"帮凶"。为防患于未然，国际上开展了臭氧层保护行动，签订了保护臭氧层的行动计划、公约、议定书，规定了污染物管控措施，包含经济援助和技术转让。

5. 海洋污染问题

海洋是维持地球能量平衡、调节气候、促进地球化学循环的重要组成部分，也是独特的生态系统、资源宝库，是世界七大洲的联络通道和承载人类活动的重要空间。强国从海洋兴起，经济向海洋进军，海洋承纳着河流输入的污染物，成为许多废弃物的最终归宿。沿海城市居民的生活和工业生产，将种类繁多的污染物投向海洋。海洋污染更直接来自海上采油和航运，每年输入的石油达上千万吨。船舶事故、海洋倾废、城市排污、矿产开发，四面八方的污染物进入海洋。人类排入环境的难降解有机物、盐类，最终都随水流入海洋。海洋污染造成赤潮频发，威胁渔业生产安全，海洋生态恶化，鱼类资源和海洋物种减少。近几十年，珊瑚白化、海豹死亡，海洋环境事件频发。海洋污染遍及全球，令人担忧。

管理海洋是 20 世纪末的重要议题。以联合国为主导，以法制化为手段，海洋污染控制取得了一定的成就。防止石油污染、防止船舶污染，都是开创性行动；防止海洋污染的区域行动，都有相应公约伴行。随着人们对海洋的认识不断深化，世界各国提出了海洋生物资源可持续利用思想。海洋管理水平亦不断提高，提出了大海洋生态系统和区域规划管理的概念。海洋服务的国际合作，海洋研究的合作开展，势在必行。海洋将是下一个矛盾交汇点，环境保护任重道远。

### （三）生物多样性破坏严重，地球生态危机频现

生物多样性是描述大自然丰富度的术语，包括生态系统多样性、物种多样性、遗传基因多样性三个层次。生物多样性是大自然馈赠人类的宝贵财富，是狭义的生态环境，是人类生存和发展所依赖的基本条件，生物多样性保护与发展是现代文明的靓丽标牌。生物多样性保护以物种保护为着眼点，生态系统是物种的生境，基因则寄于物种之中。对物种保护需关注生境安全、生物繁殖、食物保障等。物种自然繁殖是保护成功的标志。热带森林被砍伐，使陆地生物损失惨重；无度猎捕垦殖，使不少哺乳动物濒危；商品贸易成为很多生物的噩梦；环境污染造成生物危机。随着人类的足迹遍布全球，野生物种的濒危和灭绝在加速，每年以千种计，这是一场空前惨烈的浩劫。

物种减少对生态系统而言，犹如飞机机翼的铆钉减少一样，对于飞机来说，每少一个铆钉就增加一分危险。当铆钉被一个一个拔去时，飞机必然解体。生态系统也一样，当物种不断减少时，生态系统就会越来越脆弱，最终也会完全崩溃，这被称为"铆钉原理"。生物物种生存需要很多因素，水、气、光、热、土壤、养分等，一个因素都不能少。对于每个因素，都有不同的需求量，量过多或过少都不适合。对物种生存起制约作用的，是其中最缺乏的那个因素，犹如木桶盛水多少取决于最短的那块桶板一样，这被称为生态系统的"木桶原理"。生物物种生存的另一个重要条件是比较完善的生态系统或适宜的生境，任何物种都不可能单独存在或生存，这就是生态系统的整体性原理。对生态系统而言，物种越是多样，系统越易于维持稳定，物种多样可以相互补偿。如果物种过分简单稀少，那么生态系统就会变得异常脆弱，很容易被破坏。对于物种保护来说，生境很关键。地球生物多样性保护，必须从全球大系统保护着眼。这需要联合国努力促成国际的合作行动。目前，世界多国已达成《濒危野生动植物物种国际贸易公约》《保护迁徙野生动物物种公约》等，促成辟建自然保护区等卓有成效的行动，同时建立国际性组织，推动形成《联合国海洋法公约》等。生物多样性保护虽然成效显著，但问题仍然较多，形势依然十分严峻。

1. 生态环境问题

地球生态系统就是人类的生态环境。一切生存资源都寄寓于生态系统，靠生态系统生成养育；一切生存条件都靠生态系统提供和调节。生态遭受破坏，也就

毁坏了人类赖以生存的基础。生态危机实质上是人类的危机。在巨大的人口和消费压力下，在强大的工业化冲击下，在商品经济扩张的狂潮中，地球自然资源被压榨、被掠夺、被破坏，导致自然资源大量减少、出现严重短缺，并殃及整个生态系统，使之破碎萎缩、物种简化、功能削弱、系统崩溃，陷入资源紧缺、竞争性利用、生态恶化、资源进一步减少、资源更加紧缺的恶性循环之中。尤其在 20世纪后半叶，随着人口暴涨、资源短缺、生态恶化同步加剧，生态环境问题愈演愈烈。

2. 全球森林危机

森林是陆地生态的主体、人类生存之本、文明之根。调节碳氧平衡、养育生物物种、涵养水源、保持土壤、防风固沙、调节气候、净化污染、提供美景，森林生态功能不可或缺。森林土壤肥沃，招来毁林开荒；森林可提供木材薪柴，引来滥采乱伐。森林蕴含的财富令人垂涎，招致世界森林消耗无度。森林面积锐减导致生态恶化、水土流失、自然灾害骤增。热带森林面积减少，特别是亚马孙森林面积大量减少，对地球生态造成了重大影响。为减缓这种趋势，多个国家签署了《国际热带木材协定》，实施国际木材贸易管理，实行森林重建援助计划，敦促各国改善政策，鼓励当地民众参与管理等。森林保护是国际重要行动，成效值得肯定，但问题依然严峻，前景不容乐观。

3. 地球水资源危机

地球上的水可均匀覆盖整个地表约 3000 米深的空间。但地球的淡水资源仅占总水量的 2.5%，而这极少的淡水资源又分布不均，主要存在于地球南北极和永久冰盖中，人类真正能够利用的淡水资源是江河湖泊和地下水的一部分，约占地球总水量的 0.26%[①]。20 世纪，人类用水量增长 10 倍，农业灌溉用水量大，工业和城市是集中耗水的地方，整个世界处于用水紧张的状态。联合国曾发出警告，在能源危机之后，水危机将成为严重的社会危机。中东、北非、中国华北，是世界最缺水的地方。不少亚非发展中国家，工业化尚未实现，贫穷尚未脱去，水危机却已经到来。

---

① 360 问答.江河湖波等可直接利用的水资源仅占整个水量多少 [EB/OL].（2012-12-24）[2023-02-21].https://wenda.so.com/q/1356361836067369.

4. 土地生态危机

地球陆地面积为 130 亿公顷,耕地不过占 10% 左右。20 世纪,人口数量翻了两番,人均土地占有量也相应降了几级。人口越是密集之处,土地毁损越严重,人地矛盾越突出。人地矛盾,以亚洲为最,主要是耕地匮乏。20 世纪,土地开发成倍增长,土地退化也加速进行。普遍发生的植被退化加剧了水土流失,世界上已经毁损的耕地比现有能耕种的土地还多 1 倍以上。土壤流失量平均每年达0.7%。随着土壤流失,土壤中的养分随之流失,土壤涵养水分的能力降低,植被因此疏化,这类地区更易干旱,更易土壤流失,造成恶性循环。在干旱、半干旱地带,土地沙漠化为主要生态问题。地球上干旱土地面积达到 40%~50%,农业和牧业受害深重。

人口增长和生态环境恶化,犹如两大毒魔怪兽,啃噬着人类生存与发展的基础——地球生态系统。无论发达国家,还是发展中国家,处于同一个"地球村"中,因而有着共同的命运。人口—资源—环境是人类面临的共同难题。

## 三、我国生态文明建设的优势

1. 传统生态文化的"催化剂"作用

中国传统文化源远流长、博大精深。农耕文明时代形成的"天人合一""因地制宜""顺势应时"等崇尚和谐的生态理念,至今仍具有鲜活的时代感和生命力,还具有简朴性、绵延性和普适性特点。中国古代在农业生产、森林保育、水源涵养、土地利用、城市规划、建筑工艺等领域均有着强烈的生态导向,绘画、书法、诗词、器乐、建筑、饮食等文化艺术形式也无不闪现着生态文化的印记。在向生态文明转型的过程中,传统文化蕴含的生态文明理念可以发挥显著的滋养和教化作用。

2. 政府的"第一推动力"作用

党和国家对生态文明建设的深刻认识与高度关注,对切实转变经济发展方式,实现产业结构升级,促进资源综合利用、新能源开发等新兴产业发展,抢占未来世界市场竞争的制高点,提供了强劲的"第一推动力"。

3. 改革开放奠定的经济基础

虽然生态文明建设并不完全取决于经济发展的速度和国民财富的积累,但没有必要的经济实力做保障，生态文明建设也将举步维艰。令人欣慰的是，改革开放以来，我国国内生产总值增长速度连续多年保持世界同期增长速度最快的纪录。我国综合经济实力不断增强，多种工业产品产量位居世界前列，进出口额持续增长，城乡居民生活显著改善。经济发展的可喜成就为国家启动生态文明战略提供了信心和保障，而生态文明战略的推进将不断强化我国的综合国力和国际竞争力。

4. 世界发达国家的经验

西方发达国家自 20 世纪后半叶开始探索解决生态环境危机的途径和模式，并取得了显著的成效。例如，在理论方面，西方国家提出了盖亚假说、生态社会主义、深层生态主义等符合生态文明理念的多种学说；在实践方面，欧洲先进的垃圾处理技术、以色列的集水技术、美国的保护性耕作技术、意大利的自然保护方案、荷兰的高效农业模式等，都是我们可资借鉴的经验。

## 第三节 生态文明建设的理论基础

自 20 世纪 70 年代以来，关于马克思主义经典作家的著作中是否包含生态思想的争论始终没有停止过。持肯定观点的大多数人认为马克思主义经典著作中蕴含着丰富的生态学思想，"马克思、恩格斯在考察人类文明的历史进程和发展方向时，坚持社会视角和自然视角的统一，既周密分析人与人之间的社会关系，又高度重视人与自然之间的生态关系，同时科学地揭示了这两种关系之间既相互制约又相互促进的辩证关系"[①]。持否定观点的人则坚持认为马克思和恩格斯非常重视生产力的发展和阶级斗争问题，在他们生活的年代，人类对自然的影响是十分有限的，因此，也就忽视了生产力的发展带来的生态问题。美国生态学马克思主义者奥康纳·詹姆士（James O'Connor）认为，马克思主义理论中存在着生态学方面的"理论空场"。我国也有学者认为，马克思主义具有生态学思想是后人的牵强附会。但是断言马克思主义理论中存在着生态学方面的"理论空场"，也是不符合实际的。

在马克思、恩格斯著作中，论述自然生态、讨论环境状况、关注工人的生

---

① 韦建桦. 在科学发展观指引下创建生态文明——经典作家的理论构想和厦门实践的生动启示 [M]. 北京：中央编译出版社，2008.

产生活环境的段落随处可见。如果将这些理论片段集中起来，则其中蕴含的生态学思想就能清晰地展现出来。因此，关于马克思恩格斯著作中是否具有生态学思想，要"根据马克思主义的内在逻辑加以具体的、完整的和准确地理解和把握"[①]。

## 一、人与自然的关系

马克思、恩格斯把人与自然界作为一个整体来考察人与自然的关系，主张人与自然的统一性。

### （一）人是自然界发展到一定阶段的产物

马克思主义认为，自然界是先于人类历史存在的，人类是自然之子，是从自然界脱胎而来的。恩格斯指出："人本身是自然界的产物，是在他们的环境中，并和这个环境一起发展起来的。"[②]人类是动物界的一个支系，经过数万年的进化逐渐分离出来，这一进化过程已经被近现代考古学所证实。不只是人类，自然界中的万物（包括动物、植物等）都在这个环境中，并随着这个环境一起发展起来。恩格斯认为，宇宙岛（银河系、河外星系）、太阳系（恒星系）、地球、地球上的生命和人类都是无限发展的自然界在一定阶段的产物，任何具体事物都有生有灭，整个宇宙是有机统一的整体，并处在永恒循环的物质运动之中。

在达尔文之前，关于人类起源问题一直是"神创说"占据统治地位。中国古代神话故事中有"女娲造人"，在西方则有上帝创造了亚当和夏娃的神话。1859年，英国生物学家查尔斯·罗伯特·达尔文出版了《物种起源》一书，阐明了生物从低级到高级、从简单到复杂的发展规律。1871年，他出版《人类的由来及性选择》一书，列举许多证据说明人类是由已经灭绝的古猿演化而来的。达尔文的进化论在正确认识人类的起源问题上具有划时代的意义。但是，关于人类是怎样从古猿演变成人的，达尔文并没有给出一个科学的解释。恩格斯在1876年撰写的《劳动在从猿到人转变过程中的作用》一文中，提出了劳动创造人类的科学理论。恩格斯指出，人类之所以能够从动物（古猿）中分离出来，其根本原因是劳动。古

---

[①] 朱炳元.关于《资本论》中的生态思想 [J].马克思主义研究，2009（1）：10.

[②] 马克思，恩格斯.马克思恩格斯选集：第3卷 [M].中共中央马克思恩格斯列宁斯大林著作编译局，译.北京：人民出版社，1975.

代的类人猿最初成群地生活在热带和亚热带森林中，后来一部分古猿为寻找食物下到地面活动，逐渐学会用两脚直立行走，前肢则解放出来，并能使用石块或木棒等工具，最终发展到用手制造工具。与此同时，这部分古猿的体质和大脑结构都得到相应的发展，出现了人类的各种特征。恩格斯把生活在树上的古猿称为"攀树的猿群"，把从猿到人过渡期间的生物称为"正在形成中的人"，而把能够制造工具的人称为"完全形成的人"。

现在，人们对人类进化历程的认识已经被现代科学所证实。地球上的大气圈、生物圈、水圈等构成的地球环境对人类的出现起着决定性的作用。就人类所掌握的知识来看，可以说，地球是目前宇宙空间唯一的生命星球。

**（二）人是自然界的一部分，自然界是人类赖以生存的物质条件**

马克思在《1844年经济学哲学手稿》中写道："人（和动物一样）靠无机界生活，而人和动物相比越有普遍性，人赖以生活的无机界的范围就越广阔。"人只有靠这些自然产品才能生活，不管这些产品是以食物、燃料、衣着的形式，还是以住房等形式表现出来。这表明，人的普遍性正是表现为这样的普遍性，它把整个自然界——首先作为人的直接的生活资料，其次作为人的生命活动的对象（材料）和工具——变成人的无机的身体。人靠自然界生活。恩格斯指出："我们连同我们的肉、血和头脑都是属于自然界并存在于自然界之中的。"[1] 因此，可以说，没有自然界也就没有人类和人类社会。

同时，自然界是人类社会存在和发展的前提条件和物质基础。离开了自然界的阳光、空气、水、无机物和有机物等物质条件，离开了雨露滋润，人类的生存是不可能的，因为，"人类除了通过繁殖再生产自身以外，并没有创造任何物质"。

**（三）人类通过实践活动强化人与自然的关系**

恩格斯在《劳动在从猿到人转变过程中的作用》一文中描述了类人猿到人的转变过程，认为在这个过程中，劳动起到了决定性的作用。劳动不仅强化人与自然的关系，而且使人类得到发展，得以进化，"劳动创造了人本身"[2]。

---

[1] 列宁.列宁全集：第35卷[M].中共中央马克思恩格斯列宁斯大林著作编译局，编译.北京：人民出版社，1985.

[2] 马克思，恩格斯.马克思恩格斯选集：第三卷[M].北京：人民出版社，1975.

"劳动首先是人和自然之间的过程，是人以自身的活动来引起、调整和控制人和自然之间的物质变换过程。人作为一种自然力与自然物质相对立。为了在对生活有用的形式上占有自然物质，人就使自己身上的自然力——臂和腿、头和手运动起来。当他通过这种运动作用于他身外的自然并改变自然时，也就同时改变他自身的自然。"①在马克思看来，人使自然界发生改变和人得到改变是同一过程，其中介就是人类的劳动。人与动物都是自然界的一部分，人是从动物进化而来的，但是，人与动物有着本质的不同。动物只是自然生态链条中的一环，只能被动地适应自然、依赖自然，动物与自然界的关系只是单纯的依存关系和适应关系。"而人通过劳动改造自然，使自然适应人类的需要。"②人就处在了能动的创造者的地位。

人的劳动是一种有目的、有意识的创造性实践活动，"他不仅使自然物发生形式变化，同时，他还在自然物中实现自己的目的"③。马克思"不仅看到了人与动物的根本区别，而且看到了人类的力量"④。人类劳动实践原本是为了人类自己的生存和发展，但是，在劳动过程中，存在着破坏自然平衡的可能性。在工业革命以前的农业社会时期，由于生产力水平低下，加之人口数量较少以及受交通条件的限制，人的活动强度相对较弱，活动范围相对固定，对自然生态平衡的干预程度相对较低，人对自然的破坏尚维持在自然可修复的范围。可以说，从地球上出现人类到工业革命之前的漫长岁月里，自然生态环境一直保持着平衡状态。随着工业革命以后生产力水平的提高，人类的活动领域和范围不断扩大，迫使自然界不断地收缩。"劳动生产率也是与自然条件联系在一起的，这些自然条件的丰饶度往往随着社会条件所决定的生产率的提高而相应地降低。"⑤现代科学技术的发展使人类对自然的改造能力显著增强，现代社会在资源耗费和环境破坏方面超过了以往任何一个时期。人口的快速增长加剧了生态失衡的程度。

---

① 马克思. 资本论：第一卷 [M]. 北京：人民出版社，2004.
② 朱炳元. 关于《资本论》中的生态思想 [J]. 马克思主义研究，2009（1）：10.
③ 同①.
④ 同②.
⑤ 同①.

## 二、物质变换理论

"物质变换"是马克思用来描述人与自然内在联系的科学术语。"马克思用这一科学术语指明了物质的有机发展与无机发展的内在关联，指明了社会发展与自然演化的辩证统一"[①]。在正常的物质变换条件下，自然界能够保持一定的平衡状态。例如，土壤中的营养成分保证了植物的生长，人和动物在获取了植物提供的营养之后又将排泄物甚至躯体（人和动物的尸体）返回土壤，这就是物质变换过程。物质变换使有机物质与无机物质有机地联系起来，基本实现了自然界内部的相对平衡状态。在一般情况下，这种物质变换会周而复始地进行下去。一旦这种变换过程出现了断裂，自然界的平衡状态就会被打破，就会发生生态失衡。

德国化学家李比希较早地看到了资本主义农业对物质变换的影响。李比希发现，伴随农业生产方式变动和城市化生活方式演进，城市环境遭到污染，农－地物质循环被中断。他指出，从英国农业掠夺的大量食物和纤维，经过长途运输进入城市，最终形成人类和动物的消化排泄物，既造成城市社区的环境污染，又造成农业土地损失的氮、磷、钾等营养成分无法得到循环补给。受李比希理论的启发，马克思在《资本论》中写道："资本主义生产使它汇集在各大中心的城市人口越来越占优势，这样一来，它一方面聚集着社会的历史动力，另一方面又破坏着人和土地之间的物质变换，也就是使人以衣食形式消费掉的土地的组成部分不能回归土地，从而破坏土地持久肥力的永恒的自然条件。"[②] 于是，"在社会的以及由生活的自然规律决定的物质变换的过程造成了一个无法弥补的裂缝"[③]。马克思称之为物质变换裂缝（亦可译为新陈代谢裂缝）。马克思认为，物质变换裂缝破坏了正常的物质变换规律，造成了无法弥补的严重后果。一方面，破坏了土地持久肥力的永恒的自然条件。营养物质持续不断地从土壤里被抽走，而不能回到土地，阻断了植物的营养供应，只能通过化学肥料来补充肥力，加重了农村生态环境的恶化。另一方面，破坏了城市工人的身体健康和农村工人的精神生活。被城市人口消费掉的农产品不能回到土地，他们的排泄物却加重了城市的污染，"在利用这种排泄物方面，资本主义经济浪费很大。"[④]

---

① 徐民华，刘希刚. 马克思主义生态思想研究 [M]. 北京：中国社会科学出版社，2012.
② 马克思. 资本论：第一卷 [M]. 北京：人民出版社，2004.
③ 马克思. 资本论 第三卷 [M]. 北京：人民出版社，1975.
④ 同③.

马克思认为，导致物质变换裂缝的根本原因是人类不合理的物质生产实践（即人类过度干预自然秩序和追求利润最大化的资本主义工农业生产方式）。人和自然的物质变换是一个不断循环双向的过程，人类从自然界索取资源（如食物）后将其转化为其他资源（如粪便）返还给自然，粪便作为肥料又被作物转化为粮食或其他农产品，这就完成了一个双向循环过程。如果索取的和返还的不对称，即人类向自然索取后而未返还给自然，或者返还给自然的因素超过自然的承受能力而使物质难以转化，就会造成人与自然之间物质变换裂缝。问题的关键在于，在这个双向循环的运动过程中，自然界处在被动的地位，而人处在主动的地位，对称态的双向循环过程一次次被人类打破，生态环境失衡问题的出现在所难免。因此，可以说，正是人类不合理的物质生产实践活动导致了"自然的异化"。所谓"自然的异化"，是指人类改造自然界所获得的成果反过来成为统治人类的盲目力量。这是因为人类过度干预自然秩序的不合理的劳动活动造成人与自然之间物质变换断裂。人类在改造自然的实践活动中，为了满足自己对美好生活的向往，不顾自然界的自我恢复能力和环境承载能力，过度地向自然界索取资源，从而导致人与自然之间物质变换的断裂，产生"自然的异化"。

在资本主义社会产生之前，人类过度干预自然秩序的无知行为造成了人与自然之间的物质变换断裂，马克思称之为"原发性的自然的异化"。人类最初的耕作行为对自然的影响是有益的，使荒原变成了良田，解决了人类的温饱问题。但是，如果对这种自发的行为不加以控制的话，那么接踵而来的就是土地荒芜问题。恩格斯在《自然辩证法》中写道："美索不达米亚、希腊、小亚细亚以及其他各地的居民，为了得到耕地，毁灭了森林，但是他们做梦也想不到，这些地方今天竟因此而成为不毛之地。"由于这种影响的范围是很有限的，加之人们对人与自然关系问题没有更深刻的认识，生态平衡被打破的潜在威胁尚不被人们觉察，更不会被人们关注。

### 三、西方生态文化的阐释

工业文明起源于西方资本主义国家，它们率先开展工业革命，创新科学技术，提高社会生产效率，在为人类带来物质财富的同时，也对环境造成了严重影响，于是，生态危机首先于资本主义国家爆发。这些资本主义国家尝到了工业文明带来的甜头，也尝到了过度开垦自然资源带来的苦头，于是，生态文明建设逐渐登上了历史舞台。

### （一）关于建设性的后现代主义的生态文明理念

这一理念认为，只有确保可持续发展的社会，才有资格被看作生态文明的社会。生态文明的形成过程较为漫长，依次经过原始的采集文明，接着是农业文明，再到工业文明，最后才进入生态文明。这一思想具有一定的合理性，但笔者不敢完全苟同。因为一个社会的发展或者文明的进步，并不仅仅是沿着直线的方式不断向前进步的，也有可能是跳跃某一个阶段或者时期而走向一个新的文明。也就是说，我们没有必要等到工业文明之后才开始建设生态文明。无论是农业文明，还是工业文明，都离不开生态文明。但是，这并不否认生态文明是农业文明和工业文明发展到一定阶段的产物。

### （二）西方绿色政治理念

绿色政治理念也被称为生态政治理念，是于20世纪60年代末至70年代初在部分西方的资本主义工业化已经完成的国家兴起的一股社会思潮。这一思潮的最大特点就是追求不同的阶级、不同的阶层、不同的国家、不同的地区等之间的生态和谐，以人类与自然界的和谐共存为核心理念。根据学界的研究，笔者认为，绿色生态观念的主要观点包括实现生态平衡或者强调保护生态环境的根本原则，把人类的生存和大自然的存在都纳入公正的原则之内的"社会公正理念"，更好地保护生态环境，以及调动人们参与生态治理的"基层民主原则"，人与人之间和人与自然、社会之间的"非暴力原则"。

### （三）非人类中心主义

工业文明带来了深重的社会危机，人类生存环境日益恶化。随着现代西方环境保护运动的兴起，人类开始反思人与自然之间的关系，将伦理考量的范围由人与人之间扩展到人与自然之间，这是伦理学的一大进步。在生态伦理学中，存在着两种派别，一是人类中心主义，二是非人类中心主义。在工业文明时代，人类中心主义长期霸占着思想的主流地位，造成人类生存危机的加深。随着人们保护环境意识的觉醒，人们对人类中心主义提出了挑战，非人类中心主义逐渐占据了西方生态伦理思想的主流，得到了越来越多的人的支持和认可。

19世纪下半叶到20世纪初是生态伦理学的孕育阶段，主要基调是人类中心主义。20世纪初到20世纪中叶是生态伦理学的创立阶段，20世纪中叶以后是生态伦理学的系统发展阶段。在20世纪初，非人类中心主义占据着主流，在伦理学系统发展阶段也出现了许多具有不同特色的理论学派。

1. 动物权利论和动物解放论

该理论认为，人类应该尊重并保护其他动物生存和发展的权利，将道德伦理的范围从人类扩大到动物。该学派最具代表性的有彼得·辛格的动物解放论和汤姆·雷根的动物权利论。澳大利亚著名的伦理学家彼得·辛格在1975年写成了《动物解放》一书，认为人与动物是平等的，人类应当将适应于人的平等原则同样推行到动物身上。他发现动物也有感受痛苦和快乐的能力，也具有趋乐避苦的特点。如果一个动物能感受到痛苦和快乐，那么动物也应该成为道德关怀的对象。辛格说道："动物不是为我们而存在的，它们拥有属于它们自己的生命和价值。"[①]1986年，美国哲学家汤姆·雷根写成《动物权利论争》一书，认为人们用来证明人拥有权利的理由与用来证明动物拥有权利的理由是相同的，即都具有一种天赋价值。所有的生命体都拥有天赋价值，拥有天赋价值的生命体都必须当作目的本身存在，而不应该当作工具对待。因此可以说，动物也与人类一样拥有天赋价值，动物和人一样都有获得平等尊重的权利。

2. 生物中心论

这一流派与动物解放论和动物权利论不同的是，它的道德关怀范围更大，由动物扩展到所有生命体。它强调有机生命体的价值和权利，生命个体的生存具有优先性，属于一种个体主义的生态伦理学。最具代表性的学说有阿尔贝特·施韦泽的敬畏生命伦理学和保罗·沃伦·泰勒的生命平等主义伦理学。1923年，施韦泽曾发布《文明与伦理》一书，认为伦理的基本原则就是敬畏生命，自然在用它的方式产生生命，与此同时也在毁灭生命。人类想要保持发展，维护生存的权利，就要敬畏生命，要认识到人类与其他生命之间共生共赢的关系。敬畏生命伦理学的核心内容是爱和尊重，要尊敬一切生命、维护一切生命，使生命达到最高程度的发展。泰勒继承并发展了施韦泽的敬畏生命伦理学，写成了《尊重自然：一种环境伦理学理论》一书。他认为，生命有机体是一个具有目标导向的、有序完整

---

① 彼得·辛格. 动物解放 [M]. 祖述宪，译. 青岛：青岛出版社，2004.

的协调系统，这个协调系统指向一个目标，即实现生命有机体的生长、发育、延续。在这个系统中，人类与其他生物没有地位上的差异。另外，他还提出了尊重系统中的生命体，不伤害、不干预生物，让它们顺其自然地成长。人类也不必因为保护其他生物而作出损害自己权益的事情，只需作出与对它们伤害相对等的补偿，从而保持生态系统的稳定、有序的发展。

3. 生态中心论

生态中心论是一种整体主义的生态伦理学，将生态伦理和道德关怀的范围从生命的个体扩展到整个生态系统，是人类生态文明历史上的重要里程碑。生态中心论的代表有奥尔多·利奥波德的大地伦理学、阿恩·纳斯的深层生态学。1947年，利奥波德完成了《沙乡年鉴》，在此书中表达了他的大地伦理学思想。他认为土壤、水、植物、动物、人类等都是生态系统的组成部分，人类在这个系统中只是一个与其他生物平等的一部分。这时候的人们不仅要把权利赋予其他生物，还要将良心和义务分给其他生命体。大地伦理学的首要原则就是"当一个事物有助于保护生命共同体的和谐、稳定和美丽的时候，它就是正确的。当它走向反面时，就是错误的。"纳斯在《浅层生态运动与深层、长远生态运动：一个概要》中首次提出了"深层生态伦理学"的概念。自我实现和生物中心主义的平等是深层生态学理论的理论基础。在这个生态系统中，每一个生命体都是有内在价值的，并且处于平等的地位。

综上所述，非人类中心主义的主要观点是：第一，自然中的每一个生命体都有其内在价值，并且彼此之间是独立的、平等的关系；第二，人类对于其他生物都有道德方面的义务，要考虑生命体所需的责任，保证它们的权益，实现它们的发展。

**（四）全球环境治理与生态民主协商制度**

资源稀缺性和环境恶化的困境促使新制度产生。虽然"工业资本主义"对整个世界经济的发展和人类的进步曾经起到了非常重要的作用，但是，它对化石燃料的大量索取和使用，给人类生态环境造成危机。人类必须汲取旧的工业发展模式的教训，进入新的工业文明。因此，工业资本主义的模式需要转换已经成为人们的共识。这主要是指要建立一种生态文明的制度，为生态文明建设和生态危机的治理提供制度保障。建立和完善生态文明制度的背景主要是针对环境问题的全球性和分散性而言。环境治理是一整套的程序，需要各国共同参与治理，而绝不是一个国家或者某一个地区的事情。这就需要各国政府、社会组织和跨国公司都发挥作用，为生态文明建设贡献力量。而要实现这一治理态势，就必须完善生态民主协商制度，为各个生态建设主体在投入生态环境建设进程中提供制度支撑。

### （五）可持续发展理论

发展是人类的共同追求，也是人类生存的永恒主题。随着社会实践的不断发展演变，人们对于发展的认识也会逐渐深化。在传统观念上，人们认为发展主要以国内生产总值的增长作为主要指标，以工业化为基本内容。基于这种发展理念，人们开始追求经济的快速增长，追求物欲的享受，从而引发了新的矛盾，出现了一系列的环境问题。出于对这一系列问题的考量，人们不得不改变发展道路，寻找一种新的发展理念作为行动指南，于是，在20世纪80年代出现了可持续发展理论。

可持续发展理论要求改变单纯追求经济增长的发展模式，改为注重生态保护的技术型社会，注重生态、社会、经济效益，控制人口的过度增长，调整产业结构，发展高新技术，以促进清洁生产和文明消费，协调环境与发展之间的关系，最终达到后续的资源可以满足后代子孙的生存需要和经济、社会、环境可持续发展的目的。这一概念最初是由环境学家和生态学家提出来的，是人类的共同智慧。1962年，美国的生物学家蕾切尔·卡逊发布了《寂静的春天》，该著作描绘了一幅由于农药污染所带来的可怕景象，向人类发出了将失去"春光明媚的春天"的警告。《寂静的春天》的问世引发了全球关于传统发展观念的反思，对传统的经济发展模式产生怀疑。伴随着学术界对生态危机的深入认识和社会关注度的提高，全球性的官方共识也应运而生。1972年，联合国在斯德哥尔摩召开了第一次人类环境会议，该会议通过了《人类环境宣言》。1978年，联合国世界环境和发展委员会提出了《我们共同的未来》报告，该报告采纳了可持续发展理论并且加以推广，对可持续发展理论下了一个明确的定义。可持续发展理论是一个复杂的概念，其内容涉及方方面面。

#### 1. 可持续发展的定义

关于可持续发展的定义，不同的学术流派的侧重点不同，各学派分别从自然属性、社会属性、经济属性和科技属性出发进行了阐释。从自然属性上来说，可持续发展是指保护和增加环境系统的生产和更新能力；从经济属性上来说，可持续发展是指在保障自然资源的可循环利用的基础上，使经济效益达到最大程度；从社会属性上来说，可持续发展就是在不超过环境承载能力的基础上，提高人类的生活质量；从科技属性上来说，可持续发展就是要提高科学技术，提高资源的利用率，减少向环境废物排放。

**2. 可持续发展的特征**

可持续发展关注的不仅仅是环境保护问题，还强调赋予传统的环境保护新的内涵，就是要促进经济、环境、社会三方面的协调发展。在经济可持续发展方面，可持续发展理论鼓励经济的增长，并不是为了保护环境而遏制经济的增长。人类想要在地球生存下去，必然就要发展经济，但是，人类要注意在发展经济的同时注意保护环境。发展经济不能以牺牲环境作为代价，否则，虽然可以在短期内赢得巨大的经济效益，但从长远来看，这种方式会威胁人类的生存。可持续发展要求摒弃传统的发展模式，实行清洁生产和文明消费，以此来增长经济。在环境的可持续发展方面，可持续发展要求人们在开采资源的同时，还要考虑环境的承载能力，一切人类活动都要在承载能力范围内开展。人类还要在发展的同时，注意保护并改善生态环境，保证资源的可持续发展。在社会的可持续发展方面，可持续发展要求每个国家之间能够相互传授有益的经验，各个国家之间互帮互助。经济发展能力强、科技水平高的国家要致力于世界上贫困国家或地区的帮扶工作，这些贫困国家和地区只有消除了贫困才能够真正有效地保护生态环境，解决了基本的温饱问题，才能够稍有余力地保护自然环境，提升保护自然环境的能力。

**3. 可持续发展的原则**

（1）公平性原则

世界上的每一个国家、每一个地区的人们都有满足自己基本需求的权利，并且拥有平均的分配权和公平的发展权。人类的后代子孙也拥有公平享受资源的权利。先人要注意为后代留下足够的发展空间和发展潜力。

（2）可持续性原则

可持续发展强调要在不损害地球的生态系统的前提下，考虑环境的承载能力，在承载范围内满足人们的发展需求。

（3）共同性原则

世界各国的国情和发展能力存在差异，但是在环境保护问题上的目标是一致的。可持续发展理论是全球人们共同的发展目标，想要实现这一目标，必须建立全球合作伙伴关系。

综上所述，可持续发展理论体现了环境持续是基础，经济持续是条件，社会持续是目的，人类共同追求自然—经济—社会复合系统的可持续稳定的发展。在这个发展过程中，还要注意公平性原则、持续性原则和共同性原则。

## （六）生态现代化理论

任何理论的产生都有历史背景和社会发展的推动作用，可以说，西方生态现代化理论的产生具有历史必然性。生态现代化理论产生于20世纪80年代的西欧，当时的西欧工业技术发达，对环境的影响力强，与环境之间的矛盾也异常激烈。人们为了缓和与环境之间的矛盾，积极地寻求解决方式，生态现代化理论应运而生。生态现代化理论提供了一种生态经济相互作用的模式，目的在于将存在于发达市场经济之中的现代化驱动力与长期经济相联系。人类通过经济技术革命，与自然形成友好协作的共生模式，建设环境友好型社会。这一理论强调市场竞争和绿色革命之间可以在促进经济繁荣的同时，减少对环境的危害，对于现有的经济发展模式没有较大的改动和重建。这种温和、实用的绿色社会发展理论得到了绝大多数国家的支持，并风靡于20世纪80年代的经济社会，形成了一股生态思潮，对欧洲多地的环境治理和环境变革产生了巨大影响。

虽然生态现代化理论产生的时间不长，但是，涌现了众多优秀的学者表达自己的研究成果。依据阿瑟·摩尔的观点，可以依据生态现代化理论的研究领域和地理范围，将生态现代化理论的发展分为三个阶段。

第一阶段，20世纪80年代的早期被视为生态现代化理论产生的萌芽阶段。德国社会学家约瑟夫·胡伯和马丁·耶内克是这一阶段的代表人物，其中，胡伯被视为这一理论的奠基人。两位学者看重技术革新在工业生产和环境变革中的作用，倾向于市场作用的调节，对政府的作用持批评态度。总体来说，在生态现代化理论产生的萌芽阶段，这两位学者的观点比较单一、薄弱，研究的方向也较为有限，只局限于单一国家。但是，不可否认，他们奠定了生态现代化理论的基础，刻画了生态现代化理论的基本轮廓。

第二阶段，在 20 世纪 80 年代后期到 90 年代的后期，生态现代化理论进入形成期。这时候有大量的学者致力于生态现代化理论的建设。研究的人数众多，参与的国家也多。参与范围不再局限于德国一国，还有一些欧美国家也参与进来。这一时期不再强调技术创新对生态现代化的核心作用，转而在政府和市场的联合作用下，进行生态转型。另外，其研究的范围也有所扩展，由以前的单一国家逐步扩展到经合组织国家。

第三阶段，在 20 世纪 90 年代中期以后，这一阶段是生态现代化理论的拓展期。在这一阶段，学者们逐渐转型将生态现代化的理论研究和全球化发展的进程相结合，使得生态现代化理论呈现全球化拓展的趋势。在这一时期，更多来自各个国家的学者对生态现代化理论的研究作出贡献，并且该理论的实践范围扩展到欧洲以外的国家。另外，这一时期的理论追求从单纯的改善环境向整个社会的生态环境转型。

总体来说，生态现代化理论经历了萌芽期、形成期和发展期三个阶段，理论内涵不断地成熟丰富，形成了一套完整的思想体系。具体来讲，生态现代化理论主要有以下四个特征：

1. 依靠技术革新

生态现代化指的是通过环境技术革新而达到一种环境友好型的发展。在生态现代化理论中，技术革新处于关键地位。但是，技术革新是一把双刃剑，既可以推动环境治理，又可能对环境造成不利影响。生态现代化理论认为，科学技术是引发环境问题的主要原因，同时也是治理环境的主要手段。传统的技术手段将会被替代，取而代之的是对环境影响甚微的技术手段，这种技术手段具有环保性、社会性、预防性和经济性的特点。现代环境技术手段的运用为生态现代化理论提供了转变为现实的可能性。在现实生活中使用环境技术手段不仅可以降低能源的消耗和排放，还能提高企业的竞争力。

2. 利用市场机制

生态现代化理论是以市场作为基础的理论，认为市场的作用在生态建设中具有重要影响。虽然它肯定了市场的作用，但是不代表它否定了政府的作用。生态现代化理论是一种政府干预与市场作用相结合的理论，政府可以通过干预市场活动创造一个让经济和环境可持续发展的框架。根据这种观点，环境政策决策者将成为市场的促进者和保护者，他们主要运用以市场为基础的经济性工具。芬兰、德国、日本等发达国家率先实施环境政策手段。这些环境保护先行国家通过市场机制引导经济主体自觉降低污染水平，保护生态环境，有利于实现经济增长和环境保护的双赢。

3. 强调预防为主

生态现代化理论基于传统修复补偿或末端治理环境政策的缺陷，是以预防为主的理论。在通常情况下，只有当生态环境产生问题时，人们才会想方设法出台一系列的政策治理环境问题。但是，这种方法是一种先污染后治理的方法，长期而言，并不利于生态系统的可持续发展。这种政策往往针对具体的污染因素来制定具体措施，导致具体的目标、措施和制度之间缺乏协调性和统一性，使得环境问题由一个环境媒介转嫁到另一个媒介上。此外，传统环境政策的最大问题还在于成本太高，需要投入大量的环境治理资金，这种政策见效十分缓慢。因此，实施以预防为主的环境政策对于生态建设具有重要作用。

4. 实行渐进变革

耶内克认为："生态现代化作为一种以市场为基础的方法，是一种至今卓有成效的方法。与结构性解决方案相比较，生态现代化似乎是一种更容易的环境政策方法"①。结构性解决方案的最大问题就是现实可能性太小，公众对于结构性改变所带来的不确定性有一种强烈的抵触情绪。结构性解决方案在现实生活中很难获得政治上的支持。而生态现代化理论虽然也要进行一系列的重大变革，用来纠正破坏环境的结构性缺陷，但是生态现代化理论更容易被群众所接受。生态现代化理论认为，变革会将现代社会建立的所有体制推翻，是一种渐进式的变革方式。这种变革方式的优势在于阻力小，更容易被广大的政治界、企业界和学界所接受，让这些人物成为生态建设的主要推动力。

总之，西方的生态现代化理论的提出是世界建设生态文明的一大进步。它的出现无论对于过去的环境学说，还是对于解决生态危机都提出了合理化的见解，并通过实践的检验具有相当的合理性和可操作性，受到广大欧洲国家的追捧。

---

① 郇庆治，马丁·耶内克. 生态现代化理论：回顾与展望 [J]. 马克思主义与现实，2010（1）：175-179.

# 第二章 中国生态文明建设发展历程

改革开放以来，我国在探索节约资源、保护环境，推动人与自然和谐发展的实践过程中不断深化认识、丰富内容，推动生态文明建设不断进入新境界。四十多年来，我国的生态文明建设在继承中发展，内容不断丰富完善，体现了党中央、国务院对生态文明建设规律认识的不断深化。其发展历程包括五阶段：人口资源环境的统筹兼顾、人口资源环境基本国策的确立、可持续发展战略的确立和实施、生态文明的萌芽与提出、生态文明新时代的开拓。

## 第一节　人口资源环境的统筹兼顾

中华人民共和国成立初期，面对战争遗留的生态环境破坏和殖民经济造就的反生态城市布局和工业布局以及中国复杂的自然地理条件，中国共产党人将统筹人口资源环境作为我国社会主义现代化建设的重要任务。

### 一、统筹人口资源环境的历史进程

根据社会主义革命、改造、建设的实际任务，我们党逐步明确了我国现代化建设的绿色底色和绿色追求。

#### （一）从 1949 年到 1956 年的绿色探索

中华人民共和国成立伊始，我国通过采取一系列方针、政策和措施，极大巩固了社会主义政权，为有计划地进行经济建设创造了条件。在国民经济迅速恢复和发展的基础上，我国自 1953 年始执行第一个国民经济发展计划（以下简称"一五"计划）。"一五"期间，在全国一盘棋、统筹兼顾、综合平衡、协调发展、合理布局等思想的指导下，我国充分注意到要正确处理工业与农业、重工业与轻工业、经济发展与改善人们生活水平的关系，并引导国民经济按照有计划、按比例协调发展的方向发展。在此期间，我国已经开始从人与自然的关系层面着手进行，诸如城市的基础建设、工业的合理布局、工业和人民生活废弃物的综合利用、兴修水利、植树造林、防治水土流失等具有生态文明意义的工作。这样，不仅奠定了我国社会主义工业化的初步基础，而且开始自觉将协调人与自然关系的原则纳入我国工业化和现代化建设当中。

### （二）从 1956 年到 1972 年的绿色探索

"一五"计划的顺利完成，为 1956 年召开党的八大创造了有利条件。党的八大通过了《关于发展国民经济的第二个五年计划的建议》。我国在"一五"期间推行的有利于生态环境保护的做法在"二五"计划中得到延续。在工业交通和农业长期规划会议的基础上，国家计划委员会提出了"三五"计划的方针、任务和主要指标，并从 1966 年开始执行。"三五"计划将解决人们生活的"吃、穿、用"作为国民经济发展的重点和优先领域。在国民经济调整时期，我国不仅使经济得到了一定程度的恢复和发展，而且借此机会关掉在城市盲目建起来的绝大部分工厂，并通过改善企业生产经营管理来节约生产资料，改进工艺技术，为解决环境污染创造了有利条件。

### （三）从 1972 年到 1978 年的绿色探索

"二战"后，以"八大公害"事件为代表的生态环境问题促使西方民众环境意识觉醒，最终迫使西方政府启动了先污染后治理的补救式现代化模式。1972 年 6 月 5 日，联合国人类环境会议在瑞典斯德哥尔摩召开，成为人类环境保护史上的里程碑。我国政府派代表团参加会议，并在会议上提出了"全面规划，合理布局，综合利用，化害为利，依靠群众，大家动手，保护环境，造福人民"的环境保护方针（以下简称"三十二字方针"）。通过这次会议，我国向世界宣布了中国对环境问题和环境保护的基本立场、观点、原则、方针和主张，对世界环境保护产生了重要影响。会后，我国开始积极思考在现代化建设中如何在发展经济的同时避免"先污染、后治理"的弊端。

总之，1949 年以来，我国将统筹人口资源环境的要求内嵌到社会主义基本制度和国民经济发展当中。

## 二、统筹人口资源环境的行动路线

作为马克思主义政党的中国共产党，自觉将统筹人口资源环境的思想运用到现代化建设中，形成了具体的行动路线。

### （一）"四个现代化"目标的提出

"四个现代化"不仅是中国经济社：会发展的战略目标和总体布局，而且开启了我国现代化建设的绿色之路。从1949年到1954年，毛泽东等领导人逐步提出实现现代化的工业、现代化的农业、现代化的交通运输业和现代化的国防的战略设想。在读苏联《政治经济学教科书》时，毛泽东提出建设社会主义，原来要求是实现工业现代化、农业现代化、科学文化现代化，现在要加上实现国防现代化。这样，就首次完整提出"四个现代化"的目标。在实现现代化的过程中，我们党又十分重视绿化。1955年10月11日，毛泽东同志提出："南北各地在多少年以内，我们能够看到绿化就好。这件事情对农业，对工业，对各方面都有利。"[1]在此，他已经充分认识到"绿化"对现代化的重大意义。1958年1月4日，他指出，要大搞绿化。1958年1月31日，他提出各级党委都要抓绿化。在这个过程中，他强调绿化工作不能作假，必须真正实现绿化。1958年8月，他提出要使祖国的河山全部绿化起来的号召。1958年11月，他提出要提高植树造林美化全中国。1959年3月27日，他吹响了"向大地园林化前进"的号角。这样，绿化就成为我国现代化的鲜明底色。

### （二）第一次全国环境保护会议的召开

通过参与联合国人类环境会议，我国开始认识到世界环境问题的严重性，并坦然承认中国同样存在着生态环境问题。1973年8月5日到20日，第一次全国环境保护会议召开。会议审议通过了我国第一个环境保护文件《关于保护和改善环境的若干规定（试行草案）》（以下简称《规定》）。《规定》主要从全面规划、工业布局城市改造、综合利用、植物保护、水系保护森林保护、环境监督、宣传教育以及资金来源等方面对生态环境保护进行了综合全面的安排。这是我国第一部综合性环境保护法规和指导我国生态环境保护事业的纲领性文件。会后，我国

---

[1]　霍功. 中国生态伦理思想研究 [M]. 北京：新华出版社，2009.

从中央到各地区都相继建立起环境保护机构，加强了环境管理，推动中国的生态环境保护事业进入制度化和规范化的发展轨道。

### （三）环境保护"三十二字方针"的确立

环境保护"三十二字方针"是中国在结合自身实际情况和借鉴国际经验教训的基础上提出的，是对我国统筹人口资源环境工作具有总体性指导意义的方针原则。这一方针在 1973 年第一次全国环境保护会议上被确定为环境保护的指导方针，随后被写入《中华人民共和国环境保护法（试行）》当中。这一方针宣告了环境保护是社会主义现代化建设事业的一部分，必须将环境保护纳入各级各类计划当中，做到经济与环境的协调发展。其中蕴含的"预防为主，防治结合"的思想精髓，有利于我国避免走西方资本主义国家先污染后治理老路的弊端。这一方针要求依靠人民群众保护环境，使环境的专业管理与群众监督相结合，使法制管理和群众自觉维护相结合，最终把环境保护事业变为全民事业，造福当代和子孙后代。

这样，我们党将我国统筹人口资源环境的思想和工作有机结合在一起，奠定了我国人口资源环境工作的思想基础和实践基础。

总之，在站起来的基础上，在艰辛探索中国特色社会主义建设道路的过程中，统筹人口资源环境的思想成为毛泽东思想的重要内容。尽管在开发和利用自然的问题上一度出现过简单化的问题，但是以毛泽东为代表的中国共产党人最终还是开辟出了一条统筹人口资源环境的科学发展道路。


## 第二节　人口资源环境基本国策的确立

1978 年之后，我国开始改革开放。基于人口多、底子薄、耕地少等基本国情，我国将计划生育和环境保护确立为基本国策，并将之纳入社会主义现代化建设的宏伟蓝图当中，形成了对我国现代化战略目标和战略步骤的绿色化设计。

### 一、确立人口资源环境基本国策的历史进程

在改革开放这一时期，为了保证现代化的顺利发展，我国确立了人口资源环境等领域的基本国策（以下简称"绿色国策"）。

### （一）从 1978 年到 1982 年的绿色探索

党的十一届三中全会召开不久，中央便于 1978 年 12 月 31 日批转了《环境保护工作汇报要点》。鉴于西方资本主义现代化先污染后治理的弊端，该要点提出消除污染、保护环境是进行经济建设、实现四个现代化的一个重要组成部分。而我们要实现的现代化前面有"社会主义"的规定，称为"社会主义四个现代化"。社会主义有两个非常重要的要求，一是以公有制为主体，二是不搞两极分化。这样，社会主义原则就成为我国生态环境保护事业的根本原则，生态环境保护事业就成为社会主义现代化建设事业的重要组成部分。

### （二）从 1982 年到 1987 年的绿色探索

1982 年，党的十二大提出了"两个文明"一起抓的思想，将计划生育和环境保护看作是"两个文明"的内在要求。党的十二大报告提出，人们既要改造客观世界也要改造主观世界。改造客观世界的成果就是物质文明，改造主观世界的成果就是精神文明。社会的改造和社会制度的进步，最终都将表现为物质文明和精神文明的发展。在社会主义建设中，两种文明的建设，既互为条件，又互为目的。在此基础上，党的十二大提出，计划生育是我国的一项基本国策。同时，我们要把环境保护事业同努力实现党的十二大所确定的奋斗目标联系起来，同建设社会主义的物质文明和精神文明联系起来，同发挥社会主义制度的优越性和实现共产主义的远大理想联系起来。1983 年，我国政府宣布环境保护是我国的一项基本国策。

### （三）从 1987 年到 1992 年的绿色探索

1987 年，党的十三大提出并系统阐述了社会主义初级阶段理论，确立了党在社会主义初级阶段的基本路线，制定了社会主义现代化建设"三步走"的发展战略和各项改革任务。党的十三大提出："人口控制、环境保护和生态平衡是关系经济和社会发展全局的重要问题。……在推进经济建设的同时，要大力保护和合理利用各种自然资源，努力开展对环境污染的综合治理，加强生态环境的保护，把经济效益、社会效益和环境效益很好地结合起来。"[①] 这里，我们首次将人口控制、环境保护和生态平衡作为事关社会主义社会发展全局的重要问题。

① 于光远. 社会主义经济建设基础理论 [M]. 郑州：河南人民出版社，1989.

## 二、执行人口资源环境基本国策的行动路线

在改革开放的过程中，我们自觉将人口资源环境方面的基本国策运用在现代化建设中，明确了现代化的绿色化导向。

### （一）将计划生育和环境保护作为基本国策

将环境保护和计划生育摆上重要议事日程已经成为我国这一时期的集体共识，这样，计划生育和环境保护具有了基本国策的战略地位。在中国经济和社会的发展中，人口问题始终是极为重要的问题。在毛泽东同志关于人口生产要有计划思想的指导下和我国多年的实践中，1982 年 9 月，党的十二大把计划生育确定为基本国策，同年 12 月写入宪法。1983 年，第二次全国环境保护大会强调，环境保护是我们国家的一项基本国策，是一件关系到子孙后代的大事。到本世纪末，我们经济上要翻两番，达到小康水平。如果那时候空气和水污染得一塌糊涂，噪声更加厉害，水土流失比现在更严重，那就谈不上是什么现代化的国家了。将计划生育和环境保护确立为基本国策，极大地推动了我国人口资源环境工作的发展。

### （二）将环境保护纳入国民经济和社会发展计划

我国自"六五"计划开始，明确将环境保护纳入国民经济和社会发展计划，有力确保了我国绿色国策在现代化建设中的贯彻执行。1982 年 11 月 26 日至 12 月 10 日，第五届全国人大第五次会议审议通过了《中华人民共和国宪法》和"六五"计划，对环境保护作出了更加全面和明确的规定。"六五"计划不仅将制止环境污染作为改善人民生活的重要方面，还提出通过对现有企业技术改造来节约能源和原材料等有利于环境的规划措施。这是我国首次将环境保护纳入国家五年计划。对环境保护和生态平衡的重视同样是我国"七五"计划的重要内容，并自"七五"计划后开始制订环境保护专项计划。1987 年 4 月 2 日，我国出台了《国家环境保护"七五"计划》，对我国生态环境保护工作的目标、指标和措施进行了全面规定。可见，在进入改革开放的新时期之后，我国从发展战略、基本国策和发展计划等层面确保我国生态环境保护事业的顺利推进。

# 第三节 可持续发展战略的确立和实施

1992 年，在国际社会主义运动遭受挫折和国际社会将可持续发展确立为人类面向 21 世纪的重大战略的背景下，我国开始将建立社会主义市场经济作为经济体制改革的目标，开始将可持续发展确立为我国社会主义现代化建设的重大战略。

## 一、确立可持续发展战略的历史进程

顺应世界可持续发展的潮流，从我国的国情出发，我国从 1992 年开始将可持续发展作为我国现代化建设的重大战略。

### （一）从 1992 年到 1997 年的绿色探索

1992 年是我国发展的关键一年。从国内来看，我国开始将建立社会主义市场经济作为经济体制改革的目标。从国际来看，在里约召开的联合国环境和发展大会（以下简称"里约大会"）将可持续发展确立为解决环境和发展问题的重大战略。党的十四大将南方谈话和里约大会的思想精华充分吸收并纳入党的政治报告当中，成为指导全党和全国的战略思想。其中，确立了邓小平建设中国特色社会主义理论在全党的指导地位，并将"不断改善人民生活严格控制人口增长，加强环境保护"作为 20 世纪 90 年代加速改革开放、推动经济发展和社会全面进步、关系全局的十大主要任务之一。

### （二）从 1997 年到 2000 年的绿色探索

1997 年 9 月，党的十五大将科教兴国和可持续发展确立为我国社会主义现代化建设的重大战略。由于我国是人口众多、资源相对不足的国家，因此，在现代化建设中必须实施可持续发展战略。可持续发展的基本含义是，既满足当代人的需求，又不对后代人满足其需求的能力构成危害的发展。在此基础上，党的十五大围绕人口、资源、环境、国土等可持续发展的关键要素，对可持续发展战略进行了全面部署。上述战略的提出，对我国可持续发展事业具有长远性和根本性的影响，极大缓解了我国经济发展与资源环境之间的矛盾，促进了可持续发展。

**（三）从 2000 年到 2002 年的绿色探索**

2000 年 2 月 25 日，我们党开始提出"三个代表"重要思想。这一重要思想从先进生产力、先进文化和代表最广大人民群众的根本利益这三个角度提出了贯彻和落实可持续发展的最高要求，不仅极大丰富、拓展和细化了可持续发展思想，而且表达了中国共产党通过加强自身建设来增强推动可持续发展能力的战略思维。2002 年 9 月 2 日，我们党对发展的含义进行了科学拓展和深化。这里所说的发展，是以经济建设为中心、经济政治文化相协调的发展，是立足于实现中国现代化又顺应世界发展潮流、具有时代特征的发展，是促进人与自然相和谐的可持续发展。在此，我们党将"人与自然和谐"确定为可持续发展的实质内容，可持续发展战略思想被赋予鲜明的中国内容和中国特色。

总之，在建立和完善社会主义市场经济的过程中，我们党以更加自觉的认识将现代化建设同可持续发展相结合，创造性地提出了"人与自然的和谐"的命题。

## 二、实施可持续发展战略的行动路线

在将可持续发展确立为我国现代化建设重大战略的同时，我们力求将可持续发展贯彻和落实在现代化建设当中。

**（一）制定可持续发展战略**

中华人民共和国成立初期，我们党在指导我国林业建设的时候，就提出了永续发展的思想。1992 年，里约大会提出并通过了全球可持续发展战略——《21世纪议程》，并要求各国根据本国情况，制定各自的可持续发展战略。作为负责任的社会主义大国，我国积极兑现对国际社会的庄重承诺，在世界上推出了第一个国家级别的可持续发展战略——《中国 21 世纪议程——中国 21 世纪人口、环境与发展白皮书》。1994 年 7 月 4 日，国务院批准了这个文件。

1996 年 3 月 17 日，《中华人民共和国国民经济和社会发展"九五"计划和2010 年远景目标纲要》把实施可持续发展作为现代化建设的一项重大战略。党的十六大将实施可持续发展战略写入了党领导人民建设中国特色社会主义必须坚持的基本经验中。

### （二）坚持走"三生"发展道路

实施可持续发展战略，必须推动我国走上生产发展、生活富裕、生态良好的文明（以下简称"三生"）发展道路。在"三生"中，生态良好是基础，生产发展是手段，生活富裕是目标。只有将三者统一起来，才能实现人与自然和谐发展，保证人民群众在优美的生态环境中工作和生活。显然，"三生"发展道路是人与自然和谐发展的道路，是我国在现代化建设当中必须坚持的文明发展之路。这样，可持续发展战略、科教兴国战略和"三生"发展道路就成为实现人与自然和谐发展的政策选择和现实途径。

总之，在建立和完善社会主义市场经济的过程中，以江泽民为代表的中国共产党人将可持续发展作为"三个代表"重要思想的重要内容，将可持续发展确立为我国现代化建设的重大战略。

# 第四节　生态文明的萌芽与提出

## 一、党的十六大与生态文明的萌芽

2002年11月，党的十六大提出了新的发展道路和目标。大会指出："坚持以信息化带动工业化，以工业化促进信息化，走出一条科技含量高、经济效益好、资源消耗低、环境污染少、人力资源优势得到充分发挥的新型工业化路子。"[①] 这是生产方式的一次巨大变革。大会进一步指出：到2020年"可持续发展能力不断增强，生态环境得到改善，资源利用效率显著提高，促进人与自然的和谐，推动整个社会走上生产发展、生活富裕、生态良好的文明发展道路。"生态环境影响人与人、人与社会的关系，如果污染无法遏制、生态环境受到严重破坏，人与人的和谐、人与社会的和谐则无从谈起。随后，在2003年，党的十六届三中全会又提出了坚持以人为本，树立全面、协调、可持续的科学发展观，把"统筹人与自然和谐发展"在内的"五个统筹"作为贯彻落实科学发展观的根本方法和必然途径，突显了生态文明建设的重要性。自然界是一切生物的摇篮，是人类赖以生存和发展的基础。保护自然就是保护人类，建设自然就是造福人类。因此，要

---

① 安果.新型工业化道路中国特色研究[M].乌鲁木齐：新疆人民出版社，2005.

大力保护自然，在发展经济时也要考量自然的承载力；禁止过度开发自然资源，坚持科学发展：建立和维护人与自然相对平衡的关系。这次讲话不仅阐明了在新形势下人与自然和谐发展的紧迫性和重要性，还就如何在科学发展观的指导下做好环境保护和资源节约工作，从观念转变、政策制定、市场机制、法治建设等方面勾画出了蓝图，指明了发展路径。

2005 年 10 月，党的十六届五中全会通过的《中共中央关于制定国民经济和社会发展第十一个五年规划的建议》提出："要把节约资源作为基本国策，发展循环经济，保护生态环境，加快建设资源节约型、环境友好型社会，促进经济发展与人口、资源、环境相协调。推进国民经济和社会信息化，切实走新型工业化道路，坚持节约发展、清洁发展、安全发展，实现可持续发展。"进一步发展了党的十六大关于生态建设的思想。

党在十六大所构建的生态发展蓝图是：第一，农业经济系统的运行需要与生态系统相协调，建设中国特色农业现代化，通过建立环境友好型农业生产体系和资源节约型农业生产体系实现农业生产中生态环境保护与经济发展同步，转变粗放型农业生产方式，实现对生态环境的保护和有效利用；第二，大力发展环境科技与产业，加快环境恢复和降低经济发展对环境造成的负面影响；第三，统筹区域发展，积极推进西部大开发，通过调整产业结构、改变经济增长模式，形成东西部协调发展的新局面，重塑人与自然之间的和谐关系。

## 二、党的十七大与生态文明的提出

2007 年，党的十七大召开。这次会议对我国的生态文明建设意义重大。

首先，党的十七大报告从国家战略的角度明确提出了"生态文明"的概念。报告明确提出要建设生态文明，形成节约能源资源和保护生态环境的产业结构、增长方式、消费模式，改善生态环境，树立生态文明观念。实现又好又快发展，是全面落实科学发展观的本质要求，也是树立正确政绩观的具体体现。我们应坚持保护优先、开发有序，走生态文明发展道路，建设资源节约型、环境友好型社会。树立人与自然和谐相处的文化价值观。坚持预防为主、综合治理，强化从源头防治污染和保护生态。这些对策使建设资源节约型、环境友好型社会的战略思路更加具体、更加清晰。

其次，党的十七大报告把生态文明建设提高到至关重要的战略地位。报告指出："坚持节约资源和保护环境的基本国策，关系人民群众切身利益和中华民族生存发展。必须把建设资源节约型、环境友好型社会放在工业化、现代化发展战略的突出位置，落实到每个单位、每个家庭。"[①]生态文明建设与科学发展观之间具有内在的一致性。生态文明建设既追求经济发展又要求保护生态，这充分反映了科学发展观的第一要义。生态文明建设要求维护广大人民群众的根本利益，把人的生存和发展作为最高价值目标，统筹人与自然的和谐发展，不断满足人们日益增长的物质文化需要。让人们在优美的环境中工作和生活，反映了"以人为本"的核心理念。

最后，党的十七大报告明确制定了生态文明建设的战略思路。一方面，提出了可持续发展的新机制，要完善有利于节约能源资源和保护生态环境的法律和政策，加快形成可持续发展体制机制。落实节能减排工作责任制。另一方面，提出建设的多维思路，如"开发和推广节约、替代、循环利用和治理污染的先进适用技术，发展清洁能源和可再生能源，保护土地和水资源，建设科学合理的能源资源利用体系，提高能源资源利用效率""发展环保产业，加大节能环保投入""重点加强水、大气、土壤等污染防治，改善城乡人居环境"等。

2010 年 10 月，党的十七届五中全会通过了《中共中央关于制定国民经济和社会发展第十二个五年规划的建议》，明确提出坚持把建设资源节约型、环境友好型社会作为加快转变经济发展方式的重要着力点。为此，必须加快建设资源节约型、环境友好型社会，提高生态文明水平，并将树立绿色、低碳发展理念，以节能减排为重点，健全激励和约束机制，加快构建资源节约、环境友好的生产方式和消费模式，增强可持续发展能力作为总的要求。至此，我国成为世界上第一个提出生态文明建设目标的国家。生态文明不只是我党的路线方针，更是全中国乃至全人类的共同诉求。党的十七大以来，党对生态文明理论开始深入探索，并取得了许多理论成果，为加强中国生态治理，促进生态环保和中国特色社会主义建设提供了坚实的理论基础。

---

① 高文青.大气污染防治政策研究 [M].西安：西安交通大学出版社，2021.

# 第五节　生态文明新时代的开拓

## 一、生态文明建设的不断完善

党的十七大首次把生态文明建设写进大会报告，党的十八大提出要全面落实经济建设、政治建设、文化建设、社会建设、生态文明建设"五位一体"的国家总体布局，并将生态文明建设放在突出地位。在此基础上，党的十八大报告指出："坚持节约资源和保护环境的基本国策，坚持节约优先、保护优先、自然恢复为主的方针，着力推进绿色发展、循环发展、低碳发展，形成节约资源和保护环境的空间格局、产业结构、生产方式、生活方式，从源头上扭转生态环境恶化趋势，为人民创造良好生产生活环境，为全球生态安全作出贡献。"①在发展总方针上，党的十八大确立了生态文明建设在社会主义建设中的突出地位。在具体执行措施上，党的十八大提出了"生态价值"和"生态产品"概念，将生态文明融入和贯穿经济建设。报告指出，深化资源性产品价格和税费改革，建立反映市场供求和资源稀缺程度、体现生态价值和代际补偿的资源有偿使用制度和生态补偿制度。积极开展节能量、碳排放权、排污权、水权交易试点。加强环境监管，健全生态环境保护责任追究制度和环境损害赔偿制度。通过经济手段来促进生态环境的改进。这是党中央第一次使用这一概念。"生态产品"是自然物质生产过程创造的产品，是有经济价值的。它在社会物质生产过程中的使用需要付费，对它的破坏或损害需要补偿。将生态文明融入经济建设，才能避免踏上"先污染后治理"的老路；引导经济走绿色发展之路，更加有力地支持可持续发展。

党的十八大明确制定了建设生态文明的具体方案，将生态文明建设纳入中国特色社会主义事业"五位一体"总体布局，首次把"美丽中国"作为生态文明建设的宏伟目标。党中央从制度层面系统制定了保护生态环境的政策，将"中国共产党领导人民建设社会主义生态文明"写入党章。我们要建立国土空间开发保护制度，完善最严格的耕地保护制度、水资源管理制度、环境保护制度；建立体现生态文明要求的目标体系、考核办法、奖惩机制；加强环境监管，健全生态环境

---

① 宋海宏，苑立，秦鑫. 城市生态与环境保护 [M]. 哈尔滨：东北林业大学出版社，2018.

保护责任追究制度和环境损害赔偿制度。此外，还要加强生态文明宣传教育，增强全民节约意识、环保意识、生态意识，形成合理消费的社会风尚，营造爱护生态环境的良好风气。只有让环保意识深入民心，并从制度层面加以规范，才能促进生态文明建设。

2013 年 11 月召开的十八届三中全会进一步强调了生态文明建设，对推进生态文明体制改革作出重要部署。《中共中央关于全面深化改革若干重大问题的决定》指出："建设生态文明，必须建立系统完整的生态文明制度体系，实行最严格的源头保护制度、损害赔偿制度、责任追究制度，完善环境治理和生态修复制度，用制度保护生态环境。"具体来说，要健全自然资源开发管理制度，明确在利用这些资源的同时，也要承担起保护资源的责任；划定生态保护红线，明确最基本的生态环境保护要求，维护一定生态环境质量必须坚持的防护底线；改革生态环境保护管理体制，使用国家权力对自然资源进行管理。这次大会，为狠抓"落实生态文明建设"提供了积极有效的行动方案。

## 二、生态文明建设的深入推进

党的十九大总结过去、立足现在、谋划未来。党的十九大报告是十几年来共产党人推进社会主义建设的集中反映。该报告中所蕴含的生态文明思想，体现了构建生态文明的新境界，是党和人民携手走向"人与自然和谐共处"的最好诠释。

2017 年 10 月 18 日，习近平在中国共产党第十九次全国代表大会上，做了题为《决胜全面建成小康社会夺取新时代中国特色社会主义伟大胜利》的报告。报告首先总结了过去五年在中国共产党领导下我国所发生的历史性变革，充分肯定了过去五年我们党在生态文明制度体系、重大生态保护工程进展、生态环境治理等方面所取得的可喜成就。

正如《2017 中国生态环境状况公报》所佐证的那样："全国大气和水环境质量进一步提高，土壤环境风险有所遏制，生态系统格局总体稳定，核与辐射安全有效保障，人民群众切实感受到生态环境质量的积极变化。"

《决胜全面建成小康社会夺取新时代中国特色社会主义伟大胜利》这一报告明确提出坚持和发展中国特色社会主义的总任务，就是实现社会主义现代化和中华民族的伟大复兴。而生态文明，就是实现这一目标的基本保障。建设生态文明是中华民族永续发展的千年大计，必须树立和践行"绿水青山就是金山银山"的发展理念。要坚持节约资源和保护环境的基本国策，像保护眼睛一样保护生态环境。显然，这就需要我们坚持把节约优先、保护优先、自然恢复作为基本方向，把绿色发展、循环发展、低碳发展作为基本途径，把深化改革和创新驱动作为基本动力，切实把工作抓紧抓好，营造清新绿色的美丽中国。"推进绿色发展""着力解决突出环境问题""加大生态系统保护力度"以及"改革生态环境监管体制"等问题，都是目前生态文明建设事业中的主要矛盾和难点问题。

再次，报告认为推动构建"人类命运共同体"也离不开中国的生态文明建设。习近平认为，中国希望"构筑尊崇自然、绿色发展的生态体系""始终做世界和平的建设者、全球发展的贡献者、国际秩序的维护者"。在当前世界处于大发展、大变革、大调整时期的背景下，人类面临许多共同挑战，环境污染、生态破坏、气候变化等非传统安全威胁持续蔓延，不稳定性、不确定性问题非常突出。因此坚持环境友好、合作应对气候变化，才能保护好人类赖以生存的地球家园。承袭中西方传统的生态智慧，构建人类命运共同体，全面推进生态文明建设，承担世界环境保护责任，是中国为构建绿色、和谐、良好的国际格局所作出的贡献。

最后，报告着意为中国未来的生态文明建设和绿色发展指明了方向、规划了路线。在战略层面，要将建设生态文明提升为"千年大计"，将"美丽"纳入国家现代化目标；在执行层面，要统筹"山水林田湖草"系统治理，将更多"优质生态产品"纳入民生范畴；在监管层面，需要设立自然资源资产管理和自然生态监管机构；在教育层面，需牢固树立"社会主义生态文明观"，全力推进生态文化教育。

党的十九大报告把"坚持人与自然和谐共生"作为新时代坚持、发展中国特色社会主义的 14 条基本方略之一，充分体现了社会主义生态文明观的新境界。历史经验告诉我们，人类只有遵循自然规律，充分借鉴中国传统和世界各国的生态智慧，才有可能在环境保护和资源利用方面少走弯路。只有坚持走生态文明的发展道路，选择资源节约、环境友好的发展方式，同时推动人类命运共同体以应对全球环境问题，才能保护好人类赖以生存的地球家园。

党的二十大是在全党全国各族人民迈上全面建设社会主义现代化国家新征程、向第二个百年奋斗目标进军的关键时刻召开的一次十分重要的大会。党的二十大报告再次指明了生态文明建设的重要意义。大自然是人类赖以生存发展的基本条件。尊重自然、顺应自然、保护自然，是全面建设社会主义现代化国家的内在要求。

生态文明建设是中国共产党为人民谋幸福、为民族谋复兴、为世界谋大同的新方向与新作为。"人民对美好生活的向往，就是我们的奋斗目标。"中国共产党是时刻以人民为中心，时刻牢记为人民服务的宗旨与使命的伟大政党。党的二十大报告指出，江山就是人民，人民就是江山，再一次突出了人民对于中国共产党的重要地位与重要意义。而生态文明建设更是中国共产党全面提升人民群众的获得感、幸福感和安全感的重要组成部分。人民群众是生态文明建设最直接的受益者。

未来，中国将围绕"加快发展方式绿色转型""深入推进环境污染治理""提升生态系统多样性、稳定性、持续性"和"积极稳妥推进碳达峰碳中和"的"四条主线"进一步布局，中国生态文明建设必将续写新辉煌，翻开新篇章，为全球共同应对气候挑战，为世界可持续发展作出力所能及的贡献。

# 第三章 中国生态文明建设的战略定位

推进生态文明建设的国家发展战略是中国对世情国情发展态势作出的深刻理论总结与现实把握。本章主要包括"美丽中国"目标下的生态文明建设、"五位一体"总体布局下的生态文明建设和"四个全面"战略布局下的生态文明建设三部分内容。

## 第一节 "美丽中国"目标下的生态文明建设

中国在关于"大力推进生态文明建设"的论述中,明确指出"努力建设美丽中国,实现中华民族永续发展"。这一指导思想直接构成了生态文明建设首要的、最根本的历史定位,反映了中国对生态文明建设的战略定位。

### 一、"美丽中国"的内涵解读

#### (一)"美丽中国"是伟大中国梦的生态基础

近代以来,中华民族不断遭受列强欺侮,国家积贫积弱。实现国家富强、人民幸福、使中华民族重新屹立于世界民族之林成为每个有志之士的伟大中国梦。肩负民族复兴伟大中国梦历史重任的中国共产党,为使国家和人民早日摆脱落后贫穷的现状,先后采取了一系列战略来促进国民经济的发展。实现国家的富强、民族的振兴和人民富裕,经济是基础。无论是改革开放前的一些政策制度,还是改革开放后的以公有制为主体、多种所有制经济共同发展的社会主义基本经济制度,都是为了更好地促进国民经济的发展、增加的人民财富。

改革开放以来的国家经济发展战略极大地释放了我国各类经济主体的生产热情,使得我国的国内生产总值由改革开放前的世界第九名迅速跃升为世界第二名。国家富强、人民富裕、民族振兴的目标得到初步实现。但是,伴随国民经济的发展和人民物质生活的改善，国家整体实力得到质的提升的同时，人民群众所需的自然生态环境却在不断恶化，国民经济发展所需的良好自然生态资源也在不断枯竭。我国提出努力建设美丽中国的宏伟目标，以化解在建设富强中国的进程中经济发展与环境保护的矛盾冲突，为伟大中国梦的实现奠定生态基础。

### （二）美丽中国是自然生态的环境之美与人类社会和谐幸福之美、生态道德人心之美的集合体

美丽中国美在自然生态的环境之美。

"美丽"一词，在中国文字表达里，蕴含和谐、完美等内涵。美丽中国的自然生态环境之美应体现为人与自然和谐的互动关系之美。人类的生存发展史是一部确证人与自然互动关系的历史。实践作为介质，联结着自然史、人类史。在自然的人化、人化的自然进程中，"自然会因为人类不合理的开发利用活动而丑陋，也会因为人类有意识地维护和合理改造而美好"[①] 建设美丽中国，人类的生产生活实践应本着尊重自然、顺应自然、保护自然的生态文明理念，将人类活动限定在自然生态阈值内，维护自然生态系统的稳态和谐，使得社会主义现代化建设实践中人与自然和谐共生，给子孙后代留下天蓝、地绿、水净的美好家园。

美丽中国的美还应体现为人类社会的和谐幸福之美。

人类不仅生活在自然界中，而且生活在人类社会中。人类社会的和谐幸福直接构成美丽中国的内涵和目标追求。美丽中国应高度重视与人们生活直接相关的教育、医疗、卫生、社会保障等民生建设，高度重视科技、文化的发展，极力促进城乡、区域协调发展，消除贫困，注重各类社会公平机制的构建，多渠道保障人类社会的和谐幸福之美，促进人们的幸福生活早日实现。人们的美好幸福生活应成为美丽中国的社会美的建设内容，是美丽中国社会美的标志。

美丽中国的美还应体现为整个社会生态道德的人心美。

美丽中国的建设主体是人。建设主体的内心思想、价值理念直接关乎主体的行为取向。美丽中国应高度重视生态文化、生态道德的培育与创建，多渠道、多形式促进大众生态道德的提升，使得整个社会都具备较高水准的生态伦理素养，形成人人、事事都要维护人与自然和谐共生的社会氛围，实现人心美的社会风尚。

---

① 许瑛."美丽中国"的内涵、制约因素及实现途径 [J]. 理论界，2013（2）：18-20.

## 二、"美丽中国"与生态文明建设的逻辑关系

### （一）美丽中国现代化强国目标的实现需要生态文明的绿色发展提供物质支撑

国家的"强"离不开国家的"美"。我国自然生态环境恶化态势未能得到有力扭转的情势成为我国政府提出美丽中国奋斗目标的现实根源。自然生态问题的症结在于人的问题，在于人类采取了错误的生产、生活模式。产业是现代社会经济发展的基本形式。一直以来，传统的产业模式都以资源高消耗、污染高排放为基本特征。产业发展成为生态环境遭到破坏的第一大原因。美丽中国首先应拥有发达的生态产业，既实现生产过程中资源节约和环境保护的"行为美"，又实现劳动产品绿色安全的"功能美"[①]。这一切离不开生态文明建设绿色发展的实践推进。

### （二）美丽中国现代化强国目标的实现需要生态文化提供精神支持

美丽中国的第二个基本特征是崇尚绿色的消费模式。近代以来人类高耗能的消费模式成为自然环境遭受破坏的另一个原因。工业文明倡导的大量消费、大量丢弃的消费观使得人们崇尚一种新、奇的奢侈之风。消费模式影响生产模式。当"人们选购商品时，会形成'货币选票'（以货币支付方式选择绿色商品还是非绿色商品、循环产品还是非循环产品、低碳产品还是高碳产品）影响生产者的行为"[②]。而美丽中国崇尚低碳、绿色、生态消费模式。美丽中国和谐幸福的社会之美使得人们之间形成一种"和而不同"的和谐人际关系，代替工业文明人与人之间过度竞争的人际关系，消费时不以攀比为乐、不以炫富为荣，形成一种旨在满足生活实际需要的生态化消费模式，这一切需要生态文化的启蒙和熏陶。

## 三、"美丽中国"目标下生态文明建设的实践要求

### （一）生态文明建设必须以美丽中国的自然美、社会美、人心美为价值追求

中华人民共和国成立以后，面对一个百废待兴的国家，中国政府所追求的是一个实现"四个现代化"的中国。中国政府先后提出建设小康社会、和谐社会、两型社会，致力于建设一个富强、民主、和谐、文明的社会主义中国。

---

① 沈满洪．论美丽中国建设 [J]．观察与思考，2013（1）：14-16，81．
② 同①．

生态文明建设，作为伟大的国家战略，所追求的不应仅仅是化解经济发展中自然资源瓶颈这一单一目标。人类发展面临的环境问题症结在人心。没有一个和而不同、以和为贵、崇尚个人道德修行、勤俭节约品质的社会美、人心美支撑，生态文明建设将举步维艰、难成气候。因此，生态文明建设必须以体现美丽中国整体内涵的自然美、社会美、人心美为价值追求。

**（二）生态文明建设必须以实现美丽中国的天蓝、山青、水绿为实践坐标**

中共中央、国务院《关于加快推进生态文明建设的意见》中指出"加快建设美丽中国，使蓝天常在、青山常在、绿水常在，实现中华民族永续发展"，昭示了美丽中国是实现中华民族永续发展的实践形态。而生态文明建设应以实现美丽中国的天蓝山青水绿为实践坐标。推进生态文明建设的所有努力，都必须落实到使祖国永葆山清水秀的美丽容颜这一实践坐标上来。

# 第二节　"五位一体"总体布局下的生态文明建设

我国提出"全面落实经济建设、政治建设、文化建设、社会建设、生态文明建设五位一体总体布局"，构成了"五位一体"总体布局下的生态文明建设战略定位。生态文明建设的实践推进必须置身于整体的总体布局之下，其实践要求与原则必须统筹其他四体、融入其他四体，使得整个社会主义建设的各个子系统保持有机联系，唯有这样才能促进整个社会有机体的进步和发展，才能保障生态文明建设的稳步推进。

## 一、"五位一体"总体布局的演进历程与时代内涵

### （一）"两个文明一起抓"的战略构想开启了"两位一体"社会主义建设总体布局的历程

认清国情是制定正确纲领的前提。实践是检验真理的唯一标准，以阶级斗争为纲的总体布局经实践证明是错误的。以阶级斗争为纲的思想路线使社会主义建设遭遇重大挫折，导致社会主义的物质基础异常薄弱。

但是，随着改革开放的深入，各种非社会主义思潮涌入，拜金主义和极端利己主义、崇尚奢侈形式的享乐哲学极大地冲击了人们建设社会主义的意志、立场与精神。为此，中国政府提出"大力推进社会主义物质文明和精神文明的建设"，形成"两个文明"一起抓的战略方针，对物质文明、精神文明的内涵、辩证关系进行充分阐释，初步形成了"两位一体"总体布局的战略思想。

### （二）"两位一体"到"五位一体"是我国政府实施社会主义现代化建设总体布局的逻辑展开

#### 1. "三位一体"总体布局的提出

社会主义建设无论从理论上，还是实践上都是人类历史上一项开创性的艰巨事业。理论上，马克思主义经典作家没有具体阐述如何进行社会主义建设，对未来社会主义、共产主义社会形态的构想是建立在发达资本主义国家现实基础之上的逻辑推断。在实践上，苏联的社会主义建设实践已出现严重弊端。我国政府将"社会主义民主政治的建设"列为长远的现代化建设指导方针，首次提出"为把我国建设成为富强、民主、文明的社会主义现代化强国而奋斗"[①]，初步形成了"三位一体"总体布局的战略构想。

历史行进至 20 世纪 80 年代末，国际共产主义运动的现实发展遭遇重大变故。同时，我国国内的社会主义建设形势遇到新的复杂情况，经济通货膨胀严重。面对严峻的国际国内形势，我国政府冷静研判，更加坚定社会主义民主政治建设的决心，提出"围绕经济建设这个中心，加强社会主义民主法制和精神文明建设"[②]，并在之后的十年中，将这一战略性的总体布局进行了进一步的具体论述，"三位一体"社会主义现代化建设总体布局得以确立。

#### 2. "四位一体"总体布局的形成

21 世纪以来，随着我国加入世界贸易组织，我国的经济发展深度融入世界市场，现代化进程中的社会转型与体制转轨加快。与此同时，与经济建设取得巨大成就相伴随的是一些新矛盾、新情况的出现。这些新情况、新问题对中国特色社

---

① 中国共产党新闻.中国共产党历次全国代表大会数据库 [EB/OL]（2017-10-25）[2023-02-01].http://cpc.people.com.cn/GB/64162/64168/64555/4428210.html.
② 中国共产党新闻.中国共产党历次全国代表大会数据库 [EB/OL].（2021-04-05）[2023-02-01].http://cpc.people.com.cn/GB/64162/64168/64555/4428210.html.

会主义现代化总体布局提出新的挑战，成为考验中国能否提高现代化社会治理能力的新课题。我国政府明确提出"全面推进经济建设、政治建设、文化建设、社会建设"的总体战略布局和构建社会主义和谐社会的现代化建设目标。这是中国政府从"四位一体"总体布局的逻辑来确立社会主义现代化建设的科学内涵和总体任务，标志着"四位一体"建设任务正式成为这一时期中国政府进行社会主义现代化建设的总体布局。

3. "五位一体"总体布局的最终确立

改革开放以来，我国在经济高速发展的同时，粗放型能源资源利用模式导致的资源能源枯竭、生态环境破坏问题也日益突出。1983 年，环境保护被列为基本国策是我国政府对这一问题的初步回应。之后的历届中央政府都高度重视环境保护问题，先后提出"科学发展观""建设资源节约型、环境友好型社会"等战略目标。2007 年，中央政府首次运用"生态文明"这一概念来涵括生态环境保护问题的重要性，凸显了 21 世纪中国站在文明的高度来认识和处理生态环境保护问题。后来，中国政府明确提出全面推进生态文明建设的国家战略，标志着"五位一体"社会主义现代化建设总体布局在中国的正式确立。

### （三）"五位一体"总体布局的时代内涵

"五位一体"总体布局的正式确立标志着中国对特色社会主义现代化建设规律、内涵、任务、目标的深入认识与把握，体现了我国政府对马克思主义社会系统理论的准确把握。

第一，"两位一体"到"五位一体"总体布局的演进，是中央政府全心全意为人民服务的目标追求在现代化建设历程中的逻辑展开。

社会主义不是一个僵化不变的社会形态，而是动态发展的、通往人类解放之路上的一个环节。我国社会主义现代化建设的内容是一个与时俱进的概念，随时代内涵的变迁而变迁，但其根本目标、价值追求是不变的。实现国家富强、民族振兴的最终落脚点也是为了更好地保障人民的幸福生活。这是社会主义的本质体现和价值追求，也是社会主义现代化建设的奋斗目标。

当人民群众的衣、食、住、行尚成问题时，社会主义中国以经济建设为纲，将发展生产、快速使人们致富、拥有体面的物质生活确立为社会主义现代化建设的主要任务。当经济发展有了一定的基础，国家经济总量有了一定的规模，人们的基本衣、食、住、行有了保障时，人民群众的幸福内涵便会进一步扩大，要求拥有丰富的精神文化娱乐生活。社会主义中国提出精神文明建设的战略方针，将精神文明建设列为现代化建设的内涵、任务。当物质、精神生活都得到一定保障时，人民群众渴望拥有民主的政治环境和参政议政的公众参与途径。社会主义中国高度重视人民群众拥有民主政治生活的诉求，将发展社会主义民主政治列为社会主义现代化建设的内涵、目标。随着物质、文化、政治生活的改善，人民群众对解决社会不公、贫富差距、看病难、上学难、养老难问题的渴望成为新的时代诉求。社会主义中国将社会建设列为现代化建设的新内涵、新任务。与此同时，拥有一个蓝天、碧水、青山的优美自然生态环境更成为发展起来后的中国人民所渴望拥有的幸福生活，社会主义中国提出推进生态文明建设的国家战略，将其列为现代化建设的内涵、目标和任务。社会主义中国关于中国特色社会主义现代化建设"两个文明一起抓"到"五位一体"的总体布局的演进，是中国政府全心全意为人民服务的价值理念在现代化建设历程中具体的逻辑展开。

第二，体现了新时代中国对马克思恩格斯社会系统理论的深刻把握。马克思恩格斯认为人类社会内部是一个有机整体。"每一个社会中的生产关系都形成一个统一的整体。"[1] 人类社会是由同时存在且互相依存的各个系统、各个环节共同构成的社会有机体，割裂这些系统、环节之间的联系，在思维上必将陷入唯心主义社会历史观，在实践中必将导致主观主义作风。同时，人类社会与自然系统也是一个有机整体，呈现出普遍联系、对立统一的辩证关系，彼此互相制约、互相影响。人与自然关系的不和谐必将导致人类社会的不和谐，而人类社会的不和谐必将进一步引起人与自然关系的不和谐，二者互为因果。因此，生态文明建设作为构建人与自然和谐共生关系的先进文明，必须置身于宏阔的整个大自然系统、整个社会体系中，才能取得实质性突破。

首先，社会是一个错综复杂的、有机的整体系统。社会系统内的各部门子系统彼此牵制、互为因果，共同构成一个辩证统一的、有机联系的社会整体系统。只有各个子系统都得到有机发展，才能保证整个社会系统的健康发展，缺失任何一方子系统的协同共进，整个社会系统的发展进步都会受到制约。例如，没有物质经济的发展作为根基，精神文明的建设便成为无源之水。同样，没有精神文明

---

[1] 中共中央马克思恩格斯列宁斯大林著作编译局. 马克思恩格斯选集 3[M]. 北京：人民出版社，2012.

的引领，物质文明的发展便失去价值追求，人类社会将变为精神粗陋、荒芜的存在，降低为纯粹物性的存在，最终人类的幸福感将消失。而没有政治文明和社会文明，人类社会将缺乏现代社会该拥有的民主、秩序、公平、和谐共享等优秀品质。没有生态文明建设，人类社会的发展将丧失自然资源环境的可持续支撑能力。

其次，人类社会与自然是一个有机整体。社会与自然呈现出辩证统一的联系，人类的发展受制于自然。但是，同时，人类所具有的自主意识能动地改变了周围自然，形成了一个人化自然。人类通过不断地发展生产力，通过自主自觉性的生产实践，按照人类的意志不断地改变着周围的自然世界，使得社会与自然呈现出一种辩证统一的有机整体的关系。五位一体总体布局正是对马克思主义社会系统理论的深刻把握。

中国将生态文明建设融入经济建设、政治建设、文化建设、社会建设各方面和全过程，这充分体现了社会主义中国运用马克思主义社会系统论思想、方法推进生态文明建设的原则和精神。

## 二、生态文明建设与其他"四位"布局的辩证关系

### （一）经济建设为生态文明建设提供实践根基，生态文明建设保障经济建设的自然基础

没有经济发展做支撑的生态文明建设，在实践中将失去现实根基。生态文明不仅靠理想信念便可建成，而是需要器物层面的具体实现。只有将生态文明融入经济发展中，生态文明才能找到实践形式，获得可持续推进的动力。同时，经济建设需要生态文明建设保障自然生态系统的稳态运行，为经济建设提供可持续的生态基础。一个运行良好的自然生态系统是经济发展的前提。"一切生产都是个人在一定的社会形式中并借这种社会形式而进行的对自然的占有。"[1]没有一个健康稳态的自然生态系统，经济发展将遭遇自然的制约。近代以来，人类不当的经济发展理念和模式破坏了自然生态系统，使得经济发展失去了自然的支撑，人类遭遇了生存与发展的危机。只有通过生态文明建设，将生态文明理念融入经济发展，制定生态经济制度，推进生态经济模式，促进生态产业发展，以生态文明实

---

[1]　中共中央马克思恩格斯列宁斯大林著作编译局.马克思恩格斯选集 2[M].北京：人民出版社，2012.

践形态的建设作为经济发展的新引擎、新动力，才能实现生态文明建设与经济建设有机结合、互相促进的现代化建设新格局。

### （二）生态问题关乎政治稳定，政治建设保障生态文明建设的顺利推进

从民众生存与发展的角度来考察，生态问题就是民生问题、政治问题。执政党只有把民生问题解决好，才能获得民心。近代以来，全球性的生态安全问题正挑战着各国执政党的执政理念，尤其是生态安全问题最早爆发的西方发达国家。生态问题已然成为政治问题。正如美国环境政治学学者丹尼尔·A.科尔曼所说："我们作为公民的政治生活与我们所仰赖的自然生态紧紧地交织在一起。"[①]

我国生态环境问题正演变为民生核心问题。由于我国人均自然资源较为贫乏，是一个总量资源大国、人均资源小国，在经济发展中，一直或多或少地存在着资源环境瓶颈。中华人民共和国成立之初，生存权相对于环境权是更为突出的核心民生，加上当时经济建设的总体规模较小，生态环境问题总体并不突出。经过改革开放，国家富强，人民富裕。在基本生存与发展得到保障后，人民群众对呼吸新鲜空气、吃上绿色有机食品、拥有青山绿水视觉审美的需求日益强烈，环境权成为更为突出的民生问题。为此，必须加强政治建设，确保生态文明建设的顺利推进。

### （三）生态文明建设丰富文化建设内涵，文化建设引领生态文明实践

文化建设是中国特色社会主义建设的重要内容。根据辩证唯物主义原理，文化作为人们思想、观念和意识的集中反映、精神智力活动的成果，与物质文明的发展水平具有辩证联系的关系。一方面，文化建设取决于现实物质文明的发展水平；另一方面，文化发展与物质基础的不同步说明了文化的表现形式可以超越物质文明的局限。目前，我国生态文明建设还处于起步阶段，生态文明的物质形态——生态经济还没有成为整个经济发展的主体形态。整体生产和生活方式还没有成功实现生态化转型。文化发展的超前性启示我们，生态文化建设可以大有作为。我们应将反映生态文明的价值、理念、意识融入文化发展的全过程和各方面，丰富文化建设的内涵，形成反映时代脉搏的生态文化。

---

① 丹尼尔·A.科尔曼.生态政治 建设一个绿色社会 [M].梅俊杰，译.上海：上海译文出版社，2006.

同时，作为一种对工业文明内在缺陷的矫正，生态文明在实践中必然遭遇来自传统生产、生活方式所形成的惯性阻碍。为此，在推进精神文化建设的进程中，必须强化生态文化价值、内涵的宣传、教育和普及，以生态文明的意识形态占领大众的头脑，将生态文明意识内化为大众的生态意识，形成生态理性，化解工业文明思想的惯性阻碍，为生态文明的实践推进提供思想、价值观层面的支持。

**（四）生态文明建设体现社会建设的民生内涵，社会建设拓展生态文明建设实践路径**

改善民生、营造和谐的社会氛围是中国特色社会主义社会建设的核心内容。民生问题解决得好与坏，是衡量社会建设是否成功的标尺。生存与发展是最大的民生。其中，大众的生存离不开喝干净的水、吃放心的食品、呼吸清新的空气，这些都离不开生态文明建设的扎实推进。民众的发展离不开社会的公平，而生态环境权益的公平是当代社会公平的重要内涵。通过生态文明建设，合理布局主体功能区发展空间，扎实推进区域间生态补偿机制、统筹协调城乡生态建设，促进城乡生态环境权益公平、区域间生态环境权益公平，实现民众的生态权益公平，为民众实现其经济、政治、文化等领域的公平权益提供坚实的生态基础。

生态文明建设需要多层次、多渠道推进实践。社会建设可以拓展生态文明建设的实践形式。例如，通过社会建设领域的社会管理创新和基层社会管理和服务体系建设，促进环保组织、团体等生态文明公众参与主体的健康、有序发展；通过建立健全群众维权机制和社会矛盾化解机制，为生态矛盾的解决提供更畅通有效的渠道；通过政法队伍建设，为生态司法提供执行保障。

## 三、生态文明建设融入其他"四位"的实践路径

"五位一体"总体布局下的生态文明建设不是单纯生态环境领域的环境保护工作，其建设实践涉及生态基础等经济层面的建设、生态政治等制度层面的创新、生态文化创建等价值层面的建设、生态社会营造等社会层面的利益重构。只有将生态文明建设融入社会主义现代化建设的各个领域，才能避免将环境保护与经济发展对立起来的零和博弈传统思维，才能避免将生态文明建设定位为独立形态的建设，以及在实践中将生态文明建设降格为环境保护层次、防污治污等就环保谈

环保的做法，才能从构建人类社会与自然和谐关系入手，逐步形成人、社会、自然三者间有机协调和谐发展的互动关系。

### （一）融入经济建设

首先，将生态文明理念融入经济建设，以尊重自然、顺应自然、保护自然的理念指导经济建设，形成绿色发展。抛弃传统经济建设中只重视经济效益，忽视生态效益，只顾眼前发展，不谋永续发展的短视行为。经济发展的一切行动都以尊重自然规律、顺应自然特征、保护自然资源为前提、为原则；地方在经济发展规划中应依据各地的自然特征，把握自然禀赋，顺势而为，扬长避短。例如，经济欠发达的地区，往往环境未被破坏，自然资源未被完全开发，应抓住生态文明建设的契机，利用优美的自然生态环境，大力发展生态旅游、林下经济、休闲农业等绿色发展形态。而经济发达地区应乘着大力推进生态文明建设的大势，加快经济结构转型，优化产业结构，淘汰高耗能产业，积极培育绿色内涵的新兴产业，坚持绿色经济、低碳经济、循环经济模式。

其次，将生态文明理念融入经济制度安排中，实现经济制度生态化改造。生态经济制度将有效激发经济利益的内部约束，配合政府管制的外部约束，激励生态经济产业的发展壮大。各地应科学制定各类环境经济政策，将生态文明价值理念融入经济建设的各项举措中；应运用市场手段，将环境成本内化到各类市场主体之中。例如，大力发展排污权交易市场，运用环境资源利益的分配，形成内生激励，促使企业创新发展节能减排的生态技术。各地还应完善自然资源资产产权制度，形成反映自然稀缺性的自然资源定价机制、生态补偿机制和环境资源税收制度，出台扶持生态经济发展的税收、金融等优惠财政政策，用市场手段淘汰落后产业，激发生态产业的发展壮大，为生态文明的实践推进奠定现实基础。

### （二）融入政治建设

首先，将生态文明建设目标纳入党政领导干部绩效考核核心体系，建立健全生态文明建设监督制约机制，以领导干部推进生态文明建设的能力和意愿作为考核和选拔干部的重要标准，将党领导生态文明建设的能力融入党在新形势下执政能力建设，提高党推动全社会坚定贯彻生态文明价值、理念和生产生活方式转型的能力。

其次，将生态文明建设融入民主法治建设。民主法治建设是政治建设的重要内容。强化生态文明建设领域相关的决策、制度出台过程中的公众参与，以生态文明建设领域公众参与的形式提升社会主义民主政治建设的公众参与，提升政治建设的民主内涵。加强生态文明建设的立法工作，拓展环境立法的公众参与、提高环境立法内容的科学内涵和现实可操作性，使环保法成为执行力强、具有强大生命力的"硬法"。

最后，将生态文明建设融入社会主义民主政治建设，推进生态文明建设基层管理工作的民主进程，实现生态文明建设的基层自治尤其是农村生态文明建设的村民自治。农村生态文明建设归根结底是农民现代化的问题。没有现代化的农民，农村的生态文明建设将是奢求。要通过农村环境治理问题的农民大众参与，以及环境保护实践教育农民，对农民进行有效的生态启蒙。农民有了强烈的生态意识，环境保护的自主行动力才会提高，农村的生态文明建设才有可能。

农村村委会作为基层组织，是农民进行公众参与的平台，也是农村公共治理的内生力量。村委会是由村民直接选举产生的，体现了全体村民的意志，是一种通过选举产生的民间合作和认同方式。这是一种值得珍视的内生性组织资源，在村民心中的认同度最高。村委会作为农民参与环境保护的正式组织，动员村民的行动能力远远大于各级环保机构一元控制的效果，它的生命力是任何外部强加的"组织"所无法比拟的。

历史上，每个自然村形成了一个基于地缘和血缘的熟人社会。每个自然村内部天然地形成了一个稳定的社区。社区的治理主要依赖内部权威。"长期来看，千百万人来自传统的习俗，对任何经济组织和制度的形成起着非常基础的作用。"[①] 当前农村生态文明建设的实践推进，离不开农村内部人治理的这个传统。传统的环境保护机构距离农村环境太远，摄取具体、准确、全面的环境信息能力远不及本地村民，其环境治理政策和措施的有效性和灵活性受到很大制约。而农村自治组织——村委会处在村落环境之中，对村落环境的了解和需求感受最为直接和快速，能够为村落环境的治理提供关键信息和帮助。所以，在基层民主政治建设的进程中，应贯彻生态文明理念，依托乡村一级的村委会组织机构设置，增加其环保职能并赋予法律地位，充分利用已有的村级直选制度，调动村民监督管理农村环境问题的自主性和积极性。

---

① 周其仁.城乡中国 [M].北京：中信出版社，2017.

### （三）融入文化建设

首先，我国文化建设应全面挖掘优秀传统文化的生态思想，将中华文明中的生态伦理、理念融入文化建设，形成生态文化。我国发达的农耕文明拥有深厚的生态思想。作为绵延五千年、唯一没有中断的古老文明，中华文明本身存在的事实已然说明其内在深厚的、处理人与自然关系的生存智慧。当今世界，文化价值观的竞争已成为激烈的国际竞技舞台。我国文化建设应将古老中国深邃的人与自然和谐共生的思想融入其中，将中华文明深厚的生态文化基因反映在文化作品中，形成有强大生命力和现实穿透力的生态文化作品，占据世界生态文化建设的制高点。这对改善我国生态文明建设的国际环境，增进我国生态文明建设的国际合作具有重要作用。

其次，我国文化建设应立足现代与全球视野，创作既反映我国当下生态文明实践的文艺作品，也要强化对绿色世界史的挖掘和宣传。将我国生态文明建设中的一些典型、成功的实践创作成文艺作品，进行正面宣传引导，提升大众对生态文明建设的信心。生态文明建设作为一项前无古人的开创性伟大事业，信心至关重要，强大的生态文明实践信心将极大激励大众的主观能动性，推动我国生态文明的早日实现。同时，文化建设还应深挖全球自然史、生态历史变迁，创作一批反映全球生态史、环境史的文艺作品，帮助大众感性理解全球生态环境与文明变迁的关系，以直观感悟的形式进行生态启迪，涵养大众的生态文明素养，促进我国民众绿色生活、消费方式的养成和转型。

### （四）融入社会建设

首先，将生态文明建设融入社会管理能力的创新和培育过程，着力提高全社会防范、化解和应对生态矛盾的现代社会治理能力，及时、有效地应对由生态安全问题引发的生态矛盾。

其次，在社会建设进程中，应加大对环保民间组织的扶持，促使其发展壮大。社会主义现代化建设离不开党的正确领导，也同样离不开具有现代文明意识、具有自我管理能力的民间组织和社会团体发挥基础作用，上下合力才能推进现代化各项事业。因此，引导社会组织健康有序发展，充分发挥群众参与社会管理的基础作用是社会建设的重要内容。鼓励环保组织等生态文明建设民间组织规范、有序地协助职能部门保护生态环境，是实现社会自治的一项重要内容。生态文明建设是大众的事业，与大众的衣食住行、生存发展紧密相关。环保民间组织具有准确集合、反映大众呼声，理性表达、维护人民群众生态权益的社会职能，是实现民众生态环境舆情下情上传的关键平台，也是沟通民众与政府生态文明建设的关键桥梁。我国的社会建设应加强对环保民间组织、团体的引导，促进其健康、有序发展。

# 第三节　"四个全面"战略布局下的生态文明建设

中国在全面推进生态文明建设的实践探索中，自觉将生态文明体制机制改革与全面深化改革相融合、将生态环境法律制度建设与全面依法治国相融合、将生态文明建设政绩考核制度完善与全面从严治党相结合、将生态小康建设与全面建成小康社会相结合，形成了"四个全面"总方略统领下的生态文明建设，构成了"四个全面"战略布局下的生态文明建设。

## 一、全面建成小康社会推动生态文明建设

### （一）全面建成小康社会是生态文明建设的实践体现

全面建成小康社会就是要充分把生态经济发展和生态环境建设有机结合起来，走"产业发展生态化、生态建设产业化"的绿色发展道路，只有坚持这样的发展道路，才是全面建成小康社会的必然路径。实现国家的现代化，实现中华民族的伟大复兴，是中国共产党人带领全国各族人民共同奋斗的目标。生态文明从理论到实践，从局部到整体，从百姓意见到国家大政方针，为全面建成小康社会注入了新的理论元素。在全面建成小康社会过程中，生态文明理论在这一过程中得到深入的实践。

我国在追求全面建成小康社会目标过程中，其综合国力显著增强、国内市场总体规模位居世界前列，成为人民富裕程度普遍提高、生活质量明显提高、生态环境良好的国家，成为人民享有更加充分的民主权利、具有更高的文明素质和精神追求的国家，成为各方面制度更加完善、社会更加充满活力而又安定团结的国

家，成为对外开放、更加具有亲和力、为人类文明作出了更大贡献的国家。这明确指出实现全面建成小康社会目标的前提是要拥有一个生态良好的社会环境，这也为生态文明建设实践指明了方向，生态文明建设丰富了全面建成小康社会的理论，也为小康社会的发展提供了新的动力。全面建成小康社会是中国共产党人从当代中国国情出发作出的理论和实践选择，生态文明建设是党带领人民在我国经济社会发展过程中提出的正确发展战略，是历史和人民的需要，开创了马克思主义在中国发展的新理念和实践内涵。

**（二）生态文明建设是全面建成小康社会的客观要求**

"社会冲突理论"备受社会学家的关注，著名社会学家李普赛特将社会稳定和协调平衡作为研究社会冲突问题的核心，这也将成为政治学家关注的重点，一个社会的和谐与稳定关乎政治的稳定，关乎人民生活的幸福与安宁。生态环境保护适应人民生活的内在需要，适应社会发展的要求，违背人民意愿发展的选择必定会遭到人民的反对，导致社会的冲突，导致社会的不和谐。逻辑上分析，全面建成小康社会需要一个安定团结的政治局面和社会局面为基础，生态环境保护与人民群众生产生活紧密相连，备受人民的关注，迫使人民选择优化的生态环境，不然会造成社会的不和谐，不利于小康社会的建成，这是一个政治问题，更是一个人类社会发展的长远问题，无论是社会学界还是政治学界均应考虑的一个课题。

工业文明给人类的制约已经明显反映出这种文明制度下不能很好适应生产力的发展，不能很好适应人民生活的需要，不能给一个民族的发展带来长久的希望，这时候就需要一种新的文明理念来继续谱写人类社会的新的辉煌。要想实现经济上的富裕、政治上的民主、文化上的繁荣、社会保障的稳定，就需要生态文明的建设。生态文明是正确处理人与人、人与自然、人与社会的关系，是我国经济建设、政治建设、文化建设、社会建设的基础，全面建成小康社会目标的实施务必要保证和着力推进生态文明建设，这是全面建成小康社会的客观要求。

**（三）党和政府为生态文明建设保驾护航**

要优化国土空间开发格局，加快实施主体功能区战略、全面促进资源节约，推动资源利用方式根本转变、加大自然生态系统和环境保护力度，增强生态产品生产能力、加强生态文明制度建设、推进生态文明建设的试点示范等部署。我国明确指出，建设生态文明，必须建立系统完整的生态文明制度体系，实行最严格的源头保护制度、损害赔偿制度、责任追究制度、完善环境治理和生态修复制度，用制度保护生态环境。经济、政治、文化、社会、生态，全面小康"五位一体"的发展汇聚成百姓的幸福感，从这些党的报告中可以看出，党对于治理生态文明和环境保护是高度的重视，是站在中华民族永续发展的高度，通过制度方针政策为此保驾护航。

政府作为政策的制定者和执行者，为生态文明建设作出了政策科学上的引导和保障，同时为全面建成小康社会作出了理论和实践上的推动。我国正在推进社会主义市场经济体制建设，对此，我国政府的公共职能体现在多方面，其中，在生态文明领域，政府主要有以下重要职能建设：深化环境保护立法，严格执行环境保护法律法规；将生态文明建设纳入政府考核体系，建立体现生态文明要求的目标体系、考核办法、奖惩机制，改变政绩考核机制，落实责任追究制度；加快推进新型科技研发的速度，让科技的力量为生态文明建设提供有力支撑落实经济财税政策，为生态文明建设提供经济支持，完善社会主义民主政治，通过维护人民政治权利来实现人民生态权利，倾听人民关于环境保护的心声，反映人民关于生态资源保护的疾苦，着力增强和保障人民在生态文明建设的主体地位，发挥人民关于生态文明建设的首创精神，让生态文明建设成果真正惠及广大人民群众。政府通过一些行政、法律、经济手段来实现社会的有效管理，从而有效实现生态文明建设，为全面建成小康社会增添新的力量。

面对复杂多变的国际局势，肩负着繁重的历史任务，党中央纵览全局，审时度势，集中全党智慧，开创了"四个全面"和"一带一路"等治国理政的新理念、新布局、新举措。如今的中国正在以全新的理念，在中国共产党的领导下，全面推进依法治国，对生态文明建设和全面建成小康社会有着深远意义。无论从中央到地方，无论是党的高级干部还是地方政府官员，都在为全面建成小康社会的征程中，实现保护资源环境，为生态文明建设真正作出了强有力的行动。

## 二、全面深化改革助力生态文明体制建设

新时代中国所实施的全面深化改革战略不是某个领域的单项改革，而是彼此

联动的系统性改革。生态文明建设作为中国特色社会主义建设事业的一部分，同样需要随着实践的发展不断推进体制改革。

### （一）全面深化改革为生态文明体制改革带来的机遇

首先，政治体制改革、政府机构改革为生态文明建设的政绩考核机制构建、环保机构设置提供了契机，为省以下环保机构监测监察执法垂直管理制度的改革扫清了障碍。同时，政府机构改革与职能转变为社会主义生态文明建设、市场机制的建立提供了更为开放的制度空间。

其次，经济体制改革为生态文明市场建设提供了推力，税收、金融等经济领域的深入改革为生态文明建设的经济扶持制度体系建设提供了配套制度支撑。财政制度改革为统筹区域间生态保护、推进生态补偿机制体制的完善提供了基础。

再次，社会体制改革为生态文明建设公众参与体制机制的健全提供社会基础。社会治理体系与治理能力现代化体制机制的构建为生态文明建设民间团体、社会组织、志愿者的规范发展机制建设提供了历史机遇。

最后，文化体制改革为生态文化创建机制建设提供了制度助力。公共文化服务均等化改革为生态文化的基层创建机制建设提供了制度合力。文化管理体制改革为社会力量投入生态文化创建扫清了制度层面的相关障碍。非物质文化遗产、文物古迹保护等优秀传统文化传承体系建设为生态文化创建进程中传统生态基因挖掘机制建设提供了制度辅助和现实保障。

### （二）生态文明体制改革应坚持的方向

首先，生态文明体制改革必须在坚持中国特色社会主义大方向不动摇的前提下稳步推进。只有坚持社会主义，才能最终克服资本主义工业文明所带来的生态问题。这些问题都只能在全面深化改革的大背景下，通过改革，逐步完善社会主义生态文明体制来解决。改革的方向必须牢记全面深化改革的总目标是完善和发展中国特色社会主义制度。

其次，生态文明体制改革必须坚持人民主体地位，不断完善保障人民群众参与生态文明建设的公众参与机制，提升生态文明体制机制的民主内涵，为生态文明建设凝聚社会合力。我国的生态文明建设一方面是为了人民，给子孙后代留下优美的自然生态环境；另一方面也必须紧紧依靠人民，因为中国特色社会主义生态文明建设是亿万人民自己的事业。新时代中国在全面推进改革、完善生态文明体制、机制时所提出形成合理消费的社会风尚，营造爱护生态环境的良好风尚，健全举报制度，加强社会监督，倡导勤俭节约、绿色低碳、文明健康的生活方式和消费模式的建设目标都必须依靠亿万人民的身体力行才能实现。同时，我国生态文明体制、机制的改革是一项宏大的事业，从顶层设计、制度执行到政策实施，离开亿万群众的集体智慧和身体力行，仅依靠政府是难以实现的。另外，从民主政治理论、环境人权理论层面分析，公众参与环境保护，既是一项人民的权利，也是一项人民的义务。生态文明建设关乎整个社会生产生活方式的转型，只有举全社会之力才可达成目标。

## 三、全面依法治国助推生态文明法治建设

新时代中国所提出的依法治国方略是全面建成小康社会的重要内容，也是实现小康社会的有力保障，更是建设中国特色社会主义的本质要求。

依法治国方略需要各个领域的法治建设协同推进，以实现国家各项工作法治化、现代化。生态文明建设，作为中国特色社会主义建设实践一部分，需要通过依法治国方略，不断提升生态文明建设的法治内涵，推进生态文明建设的程序规范性、法治民主性、制度稳定性和执行权威性。

首先，法治有助于提升生态文明建设的规范性。各地政府贯彻生态文明建设的国家战略，实践工作中需要生态文明法律、法规作为依据和支撑，以规范有序地发挥自身职能、引导民众行为。回顾我国社会主义建设实践，在长期以来的环境保护工作中，形成了大量的各种有针对性的政策、文件、批示。这些政策文件，都是环境保护相关部门在履行职能、执行任务时，因时因地而出台的。

其次，法治将提升生态文明建设的民主内涵。相对于法律修改、制定程序的严谨、公开，一般的政策、文件更具有隐蔽性和部门意志性。我国任何一部法律的出台都经过议案的提出、审议、通过表决和公布等四个环节。法律在审议和表决时，也是充分体现公众参与的民主环节。法律必须公开的程序充分保障了民众的知情权。而生态文明的部门政策、文件和会议纪要由于不具备以上程序，使其易出现隐蔽性、部门内部流通性特征，缺乏公众参与，降低了民主内涵。

再次，法治将提升生态文明建设领域的稳定性。由于法律法规出台的程序规

范、严谨有序，与一般政策、文件相比，更具有稳定性特征。生态文明建设是一场深刻的思想革命和利益重组，实践中牵涉到众多社会行为主体的利益调整。各个社会行为主体依据政策、制度调整利益行为时，判断的重要依据是行为改变后收益的稳定性和可预期性。我国法律法规制定、修改程序的严肃性，将有效避免政策、文件朝令夕改的弊端。

最后，法治将提升生态文明建设的权威性，提升举措执行力。在我国，经过多年的法律实践和宣传教育，"法律面前人人平等"的价值理念已经深入人心，人人都应该遵守生态文明法律法规的理念能够获取强大的民众道德认同和情感接受。法律有着一般政策制度所没有的权威性。

法律在现代社会治国理政中具有深远的影响，公平正义的法律是政府实施善政的基本前提。生态文明作为 21 世纪中国的善治举措，一个内容完善、体系完备、程序公平的生态文明法律体系是实现其目标的现实前提。实践中，我国应立足于以生态文明建设中所遇到的实际问题为基点，以建设美丽中国为目标，不断完善我国生态文明法律法规，提升我国生态文明法治水平和内涵。

首先，应将"尊重自然、顺应自然、保护自然"的理念作为生态文明法治建设的价值内涵。

虽然人类保护自然生态环境的落脚点是为了实现自身更好的发展，人类无法为了尊重自然的内在价值而退回荒野，消除人类在自然中的印记，但近代以来的人类只关注自然的经济价值和自然资本内涵，忽视了自然更具有生态价值、环境价值。人类疯狂地从自然中索取资源，创造了前所未有的物质财富，但现实却是物质财富的不断提升并没有实现人类的全面发展和幸福生活。人的全面发展是人类幸福生活的前提，一个处于全面发展状态的人必须拥有一个丰富的精神世界。而这需要一个美丽的、丰富多样的、体现自然本质的生态环境为其提供不竭的源泉。自然的生态价值、环境审美价值决定了人类即便不能从自然中索取更多的物质财富，但是一个美丽的自然生态本身就是人类的精神财富，是人类丰富心灵世界的源泉、身心健康的自然根基和生存与发展的必备前提。今后生态文明法治建设必须将"尊重自然、顺应自然、保护自然"的理念作为其立法的价值内涵。

其次，应不断完善生态文明立法程序，确保整个立法过程的公平、公开、民主和科学性。程序的设定对于立法工作至关重要。程序决定内容，有什么样的立法程序，便会产生什么样的立法内容。我国生态文明立法程序的设定首先应以确保其产生良法为原则。"法的关系正像国家的形式一样，既不能从它们本身来理解，也不能从所谓人类精神的一般发展来理解，相反，它们根源于物质的生活关系。"[①] 生态文明建设是一场深刻的利益调整和生产生活方式转型，应确保在立法的过程中，各方利益主体都有利益表达机会，使得新法成为凝聚人心的良法。

同时，环境问题的高科技含量和自然系统内部机理的复杂性决定了生态文明建设立法是一项科学含量很高的工作。生态文明建设立法内容的设定不仅要民主，更要科学。我国生态文明建设立法程序的设定中，应探索建立深谙生态学知识的专家学者参与其中的咨询机制，提升立法内容的科学性。

最后，完善司法，不断完善生态文明法律法规内容，形成一套从源头预防、过程严管、结果严惩的生态环境保护法律体系，增强生态文明法律法规条款内容的明晰度、彼此内容的协调性和有机整体性，从而降低执法层面的难度。因为法律法规内容如若含糊不清，将会导致生态文明执法难的困境。所以，我们应注重增强生态文明法律法规有关界定环境违法行为定性、定级条款的清晰度和惩罚力度，增强法律法规执行层面的可操作性；强化生态文明体制改革的协调性，提升环境监察监测和执法的力度；通过生态文化建设，全面强化遵守生态文明建设法律规章的社会意识，形成全民遵守生态文明法律法规的社会风尚。通过全面依法治国整体推进，促使地方政府领导干部严格遵守生态文明法律法规，摒弃以言代法、以权压法、逐利违法、徇私枉法的人治思维、权力思维和方式，带头依法办事。

## 四、全面从严治党保障生态文明建设动力与方向

中国作为发展中的超级大国，其发展阶段、发展结构、发展特点的复杂性在人类社会发展史上前所未有。21 世纪的中国所处的历史方位决定了生态文明建设目标的艰巨性，必须依靠一个强有力的领导核心来凝聚人心、以保证正确方向、形成强大合力。中国特色社会主义实践表明，正是有了党的正确领导，中国的发展才取得了举世瞩目的伟大成就。生态文明建设作为面向未来、荫庇子孙的伟大

---

① 马克思.政治经济学批判 [M]. 中共中央马克思恩格斯列宁斯大林著作编译局，译. 北京：人民出版社，1976.

实践，更是需要党的正确引领。同时，我国生态文明建设的复杂性和艰巨性将考验党的执政能力与水平，需要实施全面从严治党方略，提升党的执政能力，确保党在新的历史起点领导社会主义建设的思想理论先进性、理想信念坚定性和实践推进执行力，使党成为我国生态文明建设当之无愧的领导核心。

**（一）全面从严治党将有力保障我国生态文明建设的动力系统**

首先，强化党自身作为生态文明建设领导核心的能力。生态文明建设需要党作为核心动力机制保障生态文明建设的实践动力。生态文明建设作为一场彻底的绿色革命，不仅涉及产业升级、能源结构调整、生产方式转型等物质层面的革新，更涉及人们的物质观、消费观等思想层面的革新。同时，环境问题的交叉性、复杂性"足以构成我们行政管治与科学认知层面上的一种革命性转向"①。全面从严治党将有效提升全体党员主动适应、把握、引领经济发展新常态，不断提高党把握方向、谋划全局、制定政策、推进改革的能力，不断提高党领导经济社会发展的能力，从而提升党推进生态文明建设理念创新和实践开拓的能力，使党成为推进生态文明建设强大有力的动力源。

其次，提升党构建生态文明建设多元动力机制的能力。生态文明作为一个涵盖器物、制度、思想价值多层面的整体文明结构形态，其演进历程是个大时空跨度的、自主性的现象。生态文明形态的改变和其形成一样，必将是一个缓慢、循序渐进的过程。生态文明的形成也必将遵循这一文明发展规律。文明生成与发展规律启示我们，生态文明建设，作为一项宏大而又艰巨的历史任务，仅仅依靠执政党这一个推动力是不够的。

生态文明建设需要一种涵括执政党与民间、政府与社会、企业与个人在内的综合动力机制，才能保障其从顶层设计到实践落实、从宏观规划到微观完善、从重点突破到日常改变的顺利推进。生态文明建设，作为一种全新的发展理念与模式，是对我国过去改革开放四十多年所形成的经济现代化和模式的革新和重构，其艰巨性、挑战性亟待社会所有行为主体携手共进积极参与，才能确保其持续恒久地点滴推进，最终实现人类文明史上工业文明向生态文明的成功转型升级。

全面从严治党战略的实施将有效提升党科学执政的水平，使党有能力领导各

---

① 郇庆治.欧美国家的"浅绿色"实践并非万能解决方案 [J]. 国家治理，2014（3）：45-48.

部制定出一系列前瞻性的、完备有效的政治、经济、社会、文化与生态制度、政策体系，多渠道、多层面引导所有社会行为主体主动投入生态文明建设，形成生态文明建设实践的综合动力机制。制定强化生态文明绩效的政绩考核制度，激励各级政府领导干部投入生态文明建设；制定激励生态文明建设市场主体发育的经济制度、排污权制度、产业扶持政策、财税政策，利益引导企业进行低碳、绿色、循环生产，引导社会公众进行绿色消费；制定完善的社会公众参与制度、环境信息公开制度、生态文明建设奖励制度，保障公众参与途径的便捷、规范，激发人民群众参与生态文明建设的热情；制定完备的国土空间开发制度、自然资源资产产权制度、生态补偿与惩罚制度，推动各类经济主体投入生态文明建设；制定严厉的生态文明法律制度，以法律惩戒的威慑力推动社会成员遵守生态文明建设底线。

通过全面从严治党，提升党科学执政的能力与水平，领导制定完备的生态文明制度体系，对社会各行为主体形成强大的利益引力和惩戒推力，引导全体社会成员投入生态文明建设，夯实生态文明建设实践的综合动力机制。

**（二）全面从严治党将确保我国生态文明建设的社会主义方向不偏移**

我国近代以来的历史已经证明，只有社会主义才能救中国，只有中国特色社会主义才能富中国、强中国。生态文明建设作为中国特色社会主义建设实践的重要内容，其"社会主义"不是一个修饰词，而是必须坚守、贯彻的根本性质、本质内涵和目标方向。

新时代中国为落实全面从严治党战略思想，先后出台了《中国共产党廉洁自律准则》《中国共产党纪律处分条例》，开展了"三严三实"专题教育、党的群众路线教育实践活动、"两学一做"学习教育，旨在提升全体党员科学执政、民主执政、依法执政水平，使党的执政方略更加完善、执政体制更加健全、执政方式更加科学。通过全面从严治党战略思想的提出与实践举措的推进，将确保我国生态文明建设拥有一个坚强有力的马克思主义政党作为领导核心，确保我国生态文明建设的社会主义方向不偏移。

# 第四章 生态文明建设的主要内容

人类进入工业文明后，通过对自然资源的开采和利用创造了巨大的物质财富，推动了物质文明的快速发展，但也加剧了资源耗竭和生态环境恶化。人类要想突破可持续发展面临的资源和环境的瓶颈，就必须对人与自然的关系重新定位，这就是提出生态文明的根本意义。本章针对生态文明建设中文化建设、法治建设和科技建设进行了介绍。

## 第一节 生态文化建设

生态文化是在工业文明向生态文明过渡的过程中崛起的一种新兴文化，这时的人类社会爆发了生态危机，人类为了自救开始找寻新的生存方式，于是，生态文化诞生了。生态文化是一种倡导人与自然和谐相处、共生共赢的观念体系，是人们根据生态危机引发的反思。生态文化是先进文化的一个重要组成部分，并表现在物质文化、制度文化和精神文化层次上，决定着生态文明的创建。

生态文化的研究必须从基本概念入手，不同的学者对生态文化的概念有不同的看法，但是，学术界对于生态文化的概念并没有一个统一的标准。本书将在总结之前学者观点的基础上，对生态文化的有关概念进行总结。

### 一、"生态文化"概念的释义

生态文化概念源于罗马俱乐部创始人意大利学者 A. 佩切伊。而在我国，学者余谋昌是最早提到"生态文化"。1986 年，余谋昌先生通过《新生态学》这本书提出了国外学者对于生态文化研究的重要性的认识。就目前而言，我国对于生态文化的研究主要有以下不同的类型：第一，一些学者对于生态文化的研究是从自然环境的角度出发的。他们认为只有从自然的角度出发，才能够鉴定生态的好与坏。第二，部分学者认为，生态文化的研究要从历史的角度来进行，也就是就某一部分的生态来说，要跟历史去对比，从而鉴定当地生态文化的变化发展。第三，有学者认为，生态文化的鉴定要在社会这一层面进行，物质社会的发展决定了生态文明的进步与后退。第四，有学者认为，生态文化的研究离不开对生态环境的批判，要从批判的角度进行生态文化研究，才能够给生态文化的研究带来活力，工业文化是反自然的文化。第五，有学者从人与自然和谐的角度探讨生态文化，将生态文化定义为一种新型文化。

上述生态文化的界定各有侧重，但总体来说，生态文化是文化的一种，并且是一种全新的、充满生机的、有活力的文化。首先，生态文化强调环境的发展与人类社会活动的相互作用所形成的结果，这种结果直接决定了人们的价值观念，人们必须关注自然价值的转化，以实现人的价值。其次，生态文化是一种以自然生态为主导的文化形态。生态文化的传统定义是以人类为中心，以自然环境和人类活动之间的互动为人、自然与环境之间的关系纽带，使自然与环境都能够向好的方向发展，同时，人类在这种发展变化中取得共赢的利益。生态文化的建设要以自然环境为基础，以社会发展为道路，来达到一种和谐发展的状态。不能够完全地以人为本，也不能够完全地放弃人类社会的发展，在平衡中取得发展，是生态文化建设的宗旨。就目前而言，社会法和价值规律被人们所重视，但是，人们忽视了经济法和社会法背后的生态规律。自然生态系统是一个比人类经济社会更大的系统，也就是说，经济社会属于自然生态系统的子系统，来源于自然生态系统。生态学或自然法是一般规律，使社会在发展的过程中受到了很多的规律制约。从目前来看，很多的实例都证实了自然规律的重要性，如果违背了自然规律，则很容易遭到自然规律的反噬，也就是制约。如果人类违背了自然规律，进而破坏了环境，使生态产生了一定的危机，人类也要遭受到自然规律的限制。自然法是一项基本的规律或一项基本的法律，人类只能通过改善自己的行为来遵循这项法律，而不能强制性地根据自己的利益，一味地追求捷径而去强硬地改变这个法规，否则只能承担恶果。在生态学中，自然界的定律是不能够被侵犯的，生态定律一旦被侵犯，将产生必然的破坏——环境将遭到毁坏。生态文明是目前最重要的启蒙运动，也是人类发展过程中必须遵守的定律之一。

因此，生态文化是一系列人类行为的文化总和，在重新审视人类与自然之间的关系、人类与社会的关系、人类与环境的关系的过程中考虑影响生态发展的因素，是社会形态的直接体现。它的本质在于人类所面临的环境问题所带来的新的文化态度和文化选择。生态文化是人类为缓和及解决人与自然的冲突而产生的一种新的文明形式。人类在生态文明建设中，要尊重自然的发展，在社会活动中要顺应自然的发展，并且对自我的发展进行约束，才能达到与自然和谐共处的目的，才能够形成真正的生态文化。生态文化学作为一门新兴交叉学科，其理论研究和实践成果尚处于初始阶段，有待于更广泛的专家学者和广大民众共同参与，在不断的交流和深化中，提高和升华生态文化。"天人关系"是人类的永恒主题，"天人合一"是人类追求的理想境界。人类创造了文化，以文化的方式繁衍生息、薪火传递，运用文化的力量改变生产生活、驱动绿色发展。生态文化不仅是人类创造出来的精神和物质成果，也是人类社会发展过程中劳动积累的历史现象。研究生态文化，应从历史与现实的角度在理论和实践的层面，解读什么是生态文化，认识生态文化的源头"活水"从哪里来、往何处去，它与我们的现实生活、社会发展和文明进程有何关系、产生何种影响等，让更多的人懂得生态文化，并由此引发各界有识之士对生态文化更厚重、更现实、更深远的思考，激发大众的热情关注、积极参与和共建共享，让生态文化融入科学发展、融入社会生活、融入时代步伐，在今天得以大力传承、弘扬和创新，使之成为推动社会文明进步，凝聚民族复兴力量的强大驱动力。

## 二、生态文化的基本特征

生态文化的兴起基于人们在特定环境下的创造，是一种人们在社会实践生活中形成的保护生态环境、追求生态平衡的行为成果。生态文化的指向对象是生态，它所关心的是人类的生产和生活活动对于维持生态系统的平衡是否存在不利影响。生态文化是对以往文化的超越，有着其专属的价值理念和思维内涵，并以某些特征呈现。生态文化具有如下特征：

### （一）传承性

人类为了繁衍生息，会将自己在生活中所得到的经验教训，包括对自然的认知、对自然的实践技能传授给后辈子孙，让他们在日后的生活中能够少走弯路。

生态文化就具有传承性。早在先秦时期就有许多关于生态文化的典籍产生。《礼记·月令》曾记载"孟春之月，禁止伐木"①。该观点一直延续至今，对于现代人建设生态文明，保护生态系统的稳定性和协调性具有重要意义。可以说，古代的生态文化思想依旧影响着现代的生态文化，现代的生态文化是对古代的生态文化的进一步发展、进一步传承、进一步超越。建设生态文化可以追本溯源，从古代的生态文化中找寻根源，寻求解决之道。

## （二）多样性

由于地理位置和气候等存在差异，就会带来与之相适应的生态环境的不同，造成了生态环境的多样性。一个地方的生态环境决定了一个民族的风俗习惯，决定了一个民族的文化风貌，民族的文化呈现着多样性的特点。虽然人类的发展具有统一的文化发展史，但是，在一个特定的国家或者地区中，由于该国家或者地区的社会发展程度不同以及地理环境不同，决定了人与自然关系的多样性，使得生态文化呈现出多样性的特点。

## （三）整体性和独特性

生态文明的理念强调生态系统是一个有机整体，人类与自然之间是相互依存、相互作用的关系，双方处于和谐共生的状态。生态文化是一个独立的体系，是由内部因素和外部因素共同组成的一个整体的结构。从横向来看，生态文化包括物质生态文化、精神生态文化和制度生态文化三种。物质生态文化是精神生态文化和制度生态文化的基础，精神生态文化是物质生态文化的一种高级形态；而制度生态文化处于两者的中间，联结物质生态文化和精神生态文化，起到桥梁的作用。另外，在现代社会中，还存在各种各样的文化体系，如经济文化体系、政治文化体系和教育文化体系等。这些文化体系共同构成了现代化社会文化体系，具有内在整体性。生态文化是现代文化大体系中的一个子系统。虽然生态文化围绕着现代文化体系运转，但是却保持着独立性，有着独特的文化内涵。

## （四）和谐性

生态文化强调人与自然的和谐共生，强调人与自然关系的稳定发展。生态文

---

① 戴圣. 礼记 [M].《语文新课标必读丛书》编委会，编. 西安：西安交通大学出版社，2013.

化是一种有关人与人、人与自然、人与社会、自然和自然的和谐协调文化，也是人类追求可持续发展理论的文化。生态文化可以为人类提供正确处理人与自然关系的生态手段，因为生态文化在伦理道德方面是中立的，不具有民族性、地域性的特点，可以为不同的国家或者民族提供生态手段，是一种全球性的文化，是全体人民的智慧结晶。生态文化教会我们运用统一的眼光看待人与自然的关系，让人与自然始终处于和谐共生的和谐氛围中，与生态系统共生共荣。随着全球化进程的加快，世界各国在政治、经济、文化等方面的交流也更加频繁。当今世界面临生态危机，这是一个需要全人类共同应对的问题，世界各国在生态问题上的交流讨论日益频繁。我们需要与其他国家加强交流、合作，借鉴他国的有益经验，相互促进，共同维持人类社会和生态系统的稳定发展。

### （五）民生性

生态文化在本质上是一种倡导绿色生态的文化，这种理念已经深入人们日常的生产生活，深入到人们衣、食、住、行的方方面面。生态文化教育人们防治环境污染，创新清洁技术等。人类开始在全世界范围内普遍推广绿色食品、绿色交通、绿色包装等，这都是绿色生态文化的重要体现。人类之所以如此重视生态文化的建设，归其根本是生态文化立足于人类的根本利益，保障人们获得幸福感，让人们拥有幸福的物质生活和精神生活。

### （六）伦理性

从伦理的角度来看，生态文化将道德的范围由人类社会扩展到自然，关注的对象不再局限于人类本身，而是放眼于自然界。依照生态文化的角度，除人以外的所有动物、植物和微生物等都是道德的思考范围，生命体与人类是平等的存在，两者的地位没有高低之分。生态文化要求人类要用道德的观点来看待世间万物，这体现了生态文化的道德化和伦理化。当人们在谈论生态文化的时候，要知道生态文化的思考对象不局限于人与人的关系，还要考虑人与自然的关系，人类要尊重并保护一切自然物，要平等对待所有的生命体。在人类社会中，应该施行人道主义的原则；在动物界中，应该施行动物解放论和动物权利论。根据对象的不同，我们要有所侧重，坚持两点论与重点论的统一。

## 三、生态文化的结构内容

生态文化是一种反映人类生存状态的文化现象，是一种衡量人与自然关系的价值尺度，具体表现为物质生态文化、精神生态文化和制度生态文化三种。

### （一）物质生态文化

物质生态文化是生态文化的一种物质表现形式，具体表现为生产技术和人类生活方式的转变。以往传统的工业生产模式是一种高耗能、高产出、高排放的粗放型生产方式，对资源造成浪费，对环境造成污染，是一种不利于人与环境可持续发展的生产模式。因此，人类想要在自然环境中持续地利用自然、改造自然，就必须学会与自然和谐相处。人类通过创造节能型、清洁型的生产技术，采用生态技术和生态工艺，进行节能减排的生产活动。这种做法不仅能够为社会创造更多的社会价值，还能够增强自然的使用价值，实现自然、人类和社会三者的可持续发展。

人类为实现个人的长期发展，为了给子孙后代创造更多的可利用资源，就需要在确认自然价值的基础上，创造新的生产工艺和技术，即生态工艺和生态技术，简而言之，就是建设一种生态工业。发展生态工业是人类现阶段必须完成的任务，其目的是保持人类生态系统的健康。保持人类生态系统的健康必须要达到一系列的健康指数，如系统活力、能量流动、物质循环、抵抗不可抗力的能力等。生态产业经济的模式是：原料产品—剩余产物—产品，它的出发点是保持自然资源的可循环利用，促进自然资源的可再生率，实现自然资源的循环利用，发展循环经济。生态产业经济的本质就是实现"循环、共生、稳生"。

### （二）精神生态文化

精神生态文化指的是精神层面的生态文化，是一种抽象的文化，具体表现为生态哲学、生态美学和生态伦理学的出现。

1. 生态哲学

生态哲学是生态文明时代人类思想的精华，体现了人类观念的进步，为解决人与自然日益突出的矛盾提供了指导方向。生态哲学的立足点基于人与自然的关系，从人与自然的角度认识并解释世界，可以说，人与自然的关系是生态哲学研究的基本方向。生态哲学强调世间万物是一个有机整体，人类想要认识世界，就必须用整体的眼光看待万物，用新的价值尺度来衡量万物，努力协调人与自然之间的关系，达到人、自然、社会三者的协调统一。

法国著名哲学家笛卡儿主张二元论，认为在这个世界上除了上帝和人类的心灵之外，一切事物都是依靠机械运动的。世界是一台机器，人和动物是世界的一个组成部分，因此也是机器。动物和人体都受机械运动的影响，并且是没有思维的。可以说，笛卡儿的哲学思想是将思维和物质进行分离，是一种二元论思想。生态哲学与笛卡儿的二元论观点对立，不认同笛卡儿的观点。马克思主义哲学认为："人本身是自然界的产物，是在自己所处的环境中，并且与这个环境一起发展起来的。"[①]生态哲学的观点认为，人与自然是一个有机整体，人类与其他生物一样都是自然界的产物。在这个整体中，人与自然不是孤立存在的，而是相互作用、相互联系的。整体比部分更重要，部分依赖于整体，离开整体就失去意义。事物之间的相互联系比相互区别更为重要。另外，生态哲学还认为人与自然是相互作用的关系。恩格斯认为："只有人才给自然界打上自己的印记，因为他们不仅更改了植物和动物的位置，而且也改变了他们所居住的地方的面貌、气候，他们甚至还改变了植物和动物本身，使他们活动的结果只能和地球的普遍死亡一起消失。"[②]从这句话来看，恩格斯充分肯定了人类的作用，人类可以根据自己的意识改变动植物的状态。生态哲学从整体性的角度探讨人与自然之间的关系，强调人与自然的相互作用。人与自然是不可分割的统一整体，一方面，人作用并影响自然，利用并改变自然；另一方面，自然作用于人，人类通过模仿自然界中的智慧，创造出智慧产物，如人类模仿鸟飞翔，制造出飞机；人类模仿鱼，发明了潜水艇等。这些产品都是人类通过模仿制造出的方便人类生活的智慧产物。

生态哲学是生态文明时代的产物，是马克思主义唯物辩证法在生态领域的具体化产物。生态哲学确立了人与自然关系的联系，确立了人与自然和谐相处的生态伦理，为人类正确处理人与自然的关系提供了理论方向。

2. 生态美学

生态美学产生于工业文明向生态文明转型时期，此时的人类社会开始向生

---

[①] 恩格斯. 反杜林论 [M]. 中共中央马克思恩格斯列宁斯大林著作编译局，编译. 北京：人民出版社，2015.

[②] 恩格斯. 自然辩证法 [M]. 郑易里，译. 北京：生活·读书·新知三联书店，1950.

态文明过渡。"生态美学是一种包含生态思想的美学观，是美学学科的当代发展。它以马克思主义的唯物实践论作为其哲学基础，是对实践美学的继承和超越。"① 生态美学最重要的贡献就是突破了以往主导人思想的人类中心主义，转而用一种新的人文精神来体现生态整体主义思想。生态美是人与自然和谐关系的产物，以人的生态过程和生态系统作为审美关照的对象，旨在弘扬中国传统文化"天人合一"的思想，体现了人类主体的参与性和依存性，体现了自然与人类相互作用的关系。生态美是人与自然共同奏响的和弦，是一曲生命的合奏。生态美学以马克思的唯物实践存在论为哲学基础，以人与自然的生态审美关系为基本出发点，包含人与自然、社会和人自身的生态审美关系，是一种包含着生态维度的当代存在论审美观。德国哲学家海德格尔对生态美学内涵进行了深刻阐述，海德格尔并没有提出生态美学这个概念，但是，他晚年深刻的美学思想实际上就是一种具有很高价值的生态美学观，包括生态本真美、生态存在美、生态自然美、生态理想美和审美批判的生态维度等内涵。

席勒说："美是形式，我们可以关照它，同时美又是生命，因为我们可以感知它，总之，美既是我们的状态，也是我们的作为。"② 生态美学是一种具有深度模式的美学，进一步促进了传统的世界观的改变，突破了"人类中心主义"，促进了当代人生活方式的改变。人类要善待环境、善待资源、善待非人类生物、善待现在、善待未来。

3. 生态伦理学

道德是一个合成词，道指的是方向、方法，德指的是人类的素养、品质。道德是一种关于人生的哲学，是一种社会意识形态。道德在社会生活中起到了规范、限制、引导、制约的作用，是人们共同生活的行为准则。道德是一种正向的价值取向，对一个行为的正确与否起到了判断的作用。人们在心中形成的正向道德，使得人们在做一件事情的时候，都会仔细思量此事是否合乎道德规范。总而言之，通常意义上的道德是指调节并规范人与人之间、人与自然之间的关系，具有调节、认识、教育、导向等功能。生态伦理学主要指的是调节人与自然的关系，以及如何正确认识生态价值的道德学说。美国哲学家罗尔斯顿认为，"生态伦理是一种

---

① 曾繁仁.当代生态文明视野中的生态美学观 [J].华夏文化论坛，2007（1）：22-30.
② 弗里德里希·席勒.审美教育书简 [M].冯至，范大灿，译.上海：上海人民出版社，2022.

新的伦理学说，它以生态科学的环境整体主义为基点，依据人与自然相互作用的整体性，要求人类的行为既要有益于人类的生存，又要有益于生态平衡。生态伦理不是简单的环境保护伦理，也不是资源利用伦理，它是人对生命和自然界的尊重和责任，关心的是未来和后代，是整个生命和自然界"。

生态伦理学将人与自然的关系作为协调的道德目标，将道德的目标缩小为探讨人与自然，研究人类的活动对于自然生物的行为是否合乎道德规范。生态伦理学认为，自然万物都是具有内在价值的生物。每一个生命不仅具有外在价值，还具有内在价值。所谓的外在价值指的是自然之于人类具有物质价值，人类可以从自然中攫取自己需要的资源，资源就具有商品性质的价值。内在的价值指的是每一个生命体都在努力寻求生存之道。自然界的每一个生命都是内在价值和外在价值的统一。人类为了维护与自然之间的和谐友好关系，必然不能只追求其他生物的外在价值，还要注意每个生物内在的价值，体现在人类身上就是要保护、尊重、平等地看待每一个生命体。人类通过尊重生命、尊重生态系统，使生态系统协调、统一发展，通过保护生态系统的多样性、生命基因的多样性、物种的多样性，实现人类和自然的和谐共生。总之，生态伦理学的目标就是调节人与自然的关系，强化人类的道德意识，将保护自然深入人类的日常生活，将尊重并保护生态系统的可持续发展作为一项日常任务，从而促进人类文明的繁荣进步，建设人与自然和谐、交融、共生的新世界。

### （三）制度生态文化

生态文明的建设离不开制度的保障，每个人都是一个独立的个体，都具有个人的想法，对于事物的认识层次、层面都不同。因此，为了保障每一个人的行为都能达到生态文明建设的标准，需要用一个制度的强制力来规范并约束人们的行为，从而保证生态文明建设稳步进行。制度生态文化指的是人类制定有关生态的社会规章制度和法律规范，以确定的法的形式调整人类的社会关系，建立新的人类命运共同体。它主要表现为环境问题进入政治结构、环境保护制度化、环境保护促进社会关系的调整等。

1.要建立法律法规来规范人们的行为

道德是个人内心的自我约束，但是，现实告诉我们，单靠个人的自觉不能保证生态文明的顺利进行。生态文明建设的稳步开展，需要法律作为辅助，制定硬性的标准限制人们的行为。法律和道德是一对相辅相成的存在，由此制定法律规范保障生态文明建设。

### 2. 建立规范准则

规范准则的强制性略小于法律法规，它针对的对象是某个行业或者某个组织的人员，是一种组织规范准则。生态文化准则规范要求在这个行业或者组织中的每一个人都能够按照规范行使自己的权利和义务，这种规范准则可以是书面形式，也可以是一种社会流行的潜规则。

### 3. 保护环境的理念需要从小培养

如果一个人从出生开始就认识到生态文化的重要，就能够全面而具体地认识生态文化，严格执行生态文化的规范要求，从而养成保护生态环境的习惯。

总之，制度生态文化的确立让人们自觉养成了保护环境的内在机制和外在机制，保证了公平和平等原则的制度化，以及环境保护和生态保护的制度化，让社会建立保护公民权益的机制，建立稳定和谐的社会秩序，最终实现社会的全面进步。

## 四、生态文化是生态文明建设的源泉和动力

生态文明的建设离不开生态文化，生态文化的体现离不开生态文明的建设，两者互为表里、相互依赖。生态文明的建设要以生态文化作为理论基础，生态文化是生态文明建设的精华和灵魂，而生态文明建设是生态文化的一个具体表现，是一个现实性的目标。

### （一）生态文化是促进天人合一的凝聚力

文明是文化的精华，文化是文明赖以产生和生存的土壤和源泉。一般来讲，生态文化被认为是生态文明的基础，生态文明的形成与发展离不开生态文化，生态文明代表着生态文化的发展需求。生态文化是一种缓解人与自然之间激烈矛盾问题的文化，在适应地球的过程中，伴随着实践经验的积累和对自然的思考，创造了自己的文化。随着人类活动范围的扩大和对自然影响力的加深，需要促进自然适应人类的发展，这时候就需要人通过不断的更新变革文化，以此达到解决生态危机的目的。由此可见，创新文化与环境进步之间是携手共进的关系，这就是

生态文化。生态文明建设就是要以一个创新的文化价值观作为理论指导，丢弃工业文明时代"人类中心主义"的错误思想，转而用"生态中心主义"的思想替代，逐步形成以生态伦理、生态哲学、生态道德、生态价值等为基本内容的生态文化价值体系，让人们逐渐形成处理人与自然关系的生态自觉性，培育人们树立与自然和谐相处的生态价值观。

我国古代社会就已经形成了生态思想，中华民族五千多年的文化底蕴孕育了生态文化，从而奠定了中华民族保护生态环境的思想基础。早在先秦时期，我国的思想家就提出了"天人合一"的生态思想，孟子曾经提出"尽其心者，知其性也。知其性，则知天矣。存其心，养其性，所以事天也。夭寿不二，修身以俟之，所以立命也"①。这句话的意思指的是运用心灵思考的人，是知道人的本性的人。另外，老子曾经提出"人法地，地法天，天法道，道法自然"②。可以说，中华民族在生态文明理论方面要先于并优于世界上的其他国家，中华民族懂得尊重、保护、顺应自然。"天人合一"的思想充分体现了传统生态文化哲学的智慧，体现了古人的生态文化修养。古人的超人智慧不论对以前，还是当今，或是未来，都具有深刻的影响，是促进中华民族走向繁荣复兴的巨大凝聚力。

### （二）生态文化是推动生态文明建设的绿色动力

在全球各地，生态问题已经成为全世界人民共同面对的问题。应对生态问题不应局限于政府的宏观调控和法律强制，应该从每个人身边做起，深入贯彻绿色发展理念，发展绿色经济。生态文化坚持倡导构建资源节约型、生态环保型社会，注重经济效益、社会效益、生态效益三者的有机结合，开辟一条无污染、低耗能、零排放的生态道路。我们应从环境可持续角度发展循环经济，落实可持续发展理念和科学发展观，争取在全世界范围内形成人与自然和谐相处的观念，培养尊重保护自然的道德准则，将遵循自然发展规律作为行动指南，以绿色发展为动力，节约利用自然资源，形成保护自然环境的可持续性社会。绿色发展思想是中国传统思想文化、可持续发展观和马克思主义自然辩证法三者相结合的产物。在绿色发展思想之下，高耗能、高排放、高污染的经济发展模式，转而向资源节约型、环境友好型经济发展模式转变。这种绿色发展的思想和经济发展模式的转变，都

---

① 孟子. 孟子 [M]. 牧语，译注. 南昌：江西人民出版社，2017.
② 李耳. 道德经 [M]. 黄善卓，注. 南昌：江西人民出版社，2016.

体现了人类尊重保护环境的决心，着力构建人与自然和谐共生的友好关系，努力实现生态良好、生活富裕的发展道路，从根本上扭转生态环境恶化的趋势，从而建成生态型、节约型生态发展格局。

### （三）生态文化是建设美丽新中国的向心力

建设生态文明在世界范围内已经达成了共识，人们摒弃了"人类中心主义"思想，将"生态中心主义"作为时代发展的主流文化，大力倡导人与自然的和谐共生，追求人类社会的可持续发展。我们主张建立和谐友好型社会，倡导人与自然和谐相处的生态文化，能够为构建和谐友好型社会提供丰富的文化资源。这种和谐友好型社会不仅关注人与自然之间的和谐关系，还关注人与人之间的关系，能够促进经济效益、社会效益和生态效益三者的有机统一，充分保护人类的根本合法利益，从而广泛地凝聚社会各界的力量。当生态文化真正地成为社会的主流文化的时候，生态文化就能对人们的行为进行指导和约束，从而实现社会的可持续发展。

# 第二节　生态文明法治建设

## 一、生态文明法治建设的内涵

生态环境的良性发展与人类生存和社会的持续发展具有密切的关系。在当前社会的发展过程中，我们倡导的是人与自然和谐共生。工业文明显然已经不具备"可持续"的作用，生态文明应运而生。在生态法治的背景下，运用法治思维和法治方式切实开展生态文明建设，已变成构建生态文明不可或缺的一个方式。

生态法治建设处于生态文明建设的发展和法治能力的提高这一时代背景下。用法治来指导生态文明建设并不是单纯地依靠"重法""重罚"，而是在通过宣传生态文明积极意义的同时倡导人们参与生态文明建设的治理过程，进而通过提高人们的法治参与意识来提高人们法治参与度，这对生态文明法治体系建设具有重要的作用。通过立法体系、执法体系、司法体系的发展，能够有计划、有目的地发展生态文明法治建设，使生态文明建设在每一个实行阶段都能得到顺畅的发展。

同时，生态文明法治的发展依赖于社会的监督，"让权力在阳光下运行"，生态法治的发展也是如此。生态文明法治建设要求我们，一方面应当意识到工业文明与生态文明均属于人类社会发展至特定阶段的一种文明形态，想要进化到最高的文明形态，我们就必须使生态建设法治化；另一方面，生态文明之所以会取代工业文明，是因为工业文明带来的环境破坏和无止境掠夺已经不适合我们目前的发展现状，更不适合我们未来的长期发展。可见，对发展模式加以重新设计就显得特别关键，所以应当再次明确运用自然发展的思想与方法。想要更好地践行这一理念，我们必须要在立法、执法、司法、公民参与、社会监督的方方面面进行发展。在进行生态法治建设的同时，我们必须理解生态文明与将其单纯地解释成环保主义之间存在很大不同。认为生态文明只不过是简单地保护环境，这种思想已经不适合当前发展的需要。生态文明法治建设是一个复合的概念，概括来讲，生态文明法治建设内涵既要有生态文明的相关理论，同时还需要有法治观念作为支撑。现阶段而言，生态文明法治建设的内涵主要有以下三个方面：

首先，生态文明建设同法治建设之间有着协调共融的关系。构建生态文明不是一句单纯的发展口号，而是要真正去践行的发展方式。实现生态文明最好的方式就是进行生态的法治化，只有将一切规定以法律的形式出台，才能使生态文明彻底地得以运行。作为生态文明法治建设的内涵，将法律的发展与生态文明牢固结合是实现生态文明建设最有力的途径，是实现人与自然和谐的最有力的发展方式之一。

其次，生态法治建设的提出是人类文明的高级实现方式。生态文明作为取代工业文明的发展方式在本质上具有进步性。在工业文明时代，社会呈现出快速发展的现象。工业文明带给人们富裕的生活，也改变了人们的生活方式。社会的变化也带来了法治的变化，从一开始的"法制"到现在的"法治"也说明了社会是在不断进步的。良好的法治可以维护社会方方面面的发展，相关法律的出台也反映了社会的需求和发展状况。

最后，生态文明法治建设即是完成生态法治化、法治生态化的建设。生态文明法治建设是一个复杂的发展过程。生态法治的实现不是单纯的一个政府部门或者一部法律的颁布就可以实现的，任何事物的发展都会涉及事物发展的方方面面。作为生态法治建设发展的五个基础范式：立法、执法、司法、社会监督、公民参与，这五点缺一不可，有任何一块短板，生态文明建设这只"木桶"都不会盛有更多的水。这五点的关系并不是完全独立的，而是相辅相成的，贝卡里亚说过："法律的力量应当跟随着公民，就像影子随着身体一样。"①

## 二、生态文明建设与法治建设的关系

在工业文明的发展过程中，经济得到了快速发展，但是，这种工业文明是以牺牲环境作为代价的，随着社会的发展和人类认识水平的提高，工业文明不再是适应当今社会发展的文明形态，生态文明应运而生。与工业文明相比，生态文明倡导人与自然和谐共生，这种理念取代了之前人类征服自然、改造自然的想法。在五位一体总布局中，我国提出了加强生态文明建设与政治建设、经济建设、社会建设、文化建设的融合发展，为生态文明建设赋予了更深层次的含义。

法治是治理国家和调控社会平衡最有效的方式之一，法治的根本意义就是实现社会的有序发展，保证人的根本权益，实现人的全面发展。法治作为一种现代治理手段，与其他调控手段相比具有非常大的优势。一个国家法治的有序发展的背后是这个国家的社会发展状况和综合国力水平，法治能否顺利地实现与法治所代表的阶级密切相关。现代资产阶级国家开启了法治社会，而法治已经成为人类社会未来发展的必由之路。尽管中国的法治建设时间较短，但经过几十年的艰苦奋斗，中国的法治建设成果举世瞩目。在我国坚持法治建设的背景下，从生态文明建设和法治建设的发展进程来看，法治建设和生态文明建设在各自领域中均拥有先进的文明形式，具有高级的精神内涵和外部表现。相比之下，尽管两者所在的领域不同，但在促进社会发展、实现人的解放的思想方向上是相同的，具体体现在生态文明建设和法治建设拥有共同的价值追求、理性观念和先进性等三个层面上。

必须明确的是，实现人的全面发展是我国生态文明建设和法治建设所为之奋斗的目标。这一目标与当前的生态文明建设和法治建设的实现不可分割。首先，生态文明建设的根本目的就是对生态效能的追求，是实现"绿水青山"中国梦的一次伟大实践，同时也是坚持人的全面发展这一目标的伟大实践。农业文明和工业文明创造经济利益的本质是征服和改造自然，通过一次又一次的社会变革，人

---

① 切萨雷·贝卡里亚. 论犯罪与刑罚 [M]. 黄风，译. 北京：商务印书馆，2017.

类的经济不断发展，通过对自然的征服，经济利益达到了最大化，环境的承载能力越来越低。在生态文明建设中，最为重要的一个概念就是人与自然和谐相处。人类是自然环境的一部分，人类活动必须适应自然，与自然和谐共存，才能促进人类的可持续发展。人类发展观在生态文明建设中不再片面地以人类为中心，而是趋向科学化。生态文明建设要求人与自然的和谐共存，在社会主义和共产主义的发展之路中，其客观规律就是人与社会的和谐发展。

一方面，社会主义和共产主义发展的客观规律赋予了生态文明社会的本质属性。相比于农业文明和工业文明而言，生态文明是新时期、新形势下，人类文明发展的时代标签；另一方面，实现人的全面发展，首先需要实现人类社会的公平正义，这也是法治建设的基本要求。公平正义始终是法治的永恒价值追求。学术水平和实际操作水平的提升，为人们的新观念和社会发展赋予了新的内涵。中国必须基于本国国情加强法治建设，加强法治理论的创新和改革，为法治理论赋予更具有深度和广度的公平正义的内涵。人们通过理解和诠释公平正义，能够充分领悟自己在社会发展进程中所拥有的权力和自由，以及义务和责任，能够为了国家的法治建设贡献自己的一份力量。这种对公平正义的理解实际上是对人类发展的探索。它把人民当作国家和社会的主体，激发人们参与中国特色社会主义事业的主观能动性和积极性，并通过法律和道德，对个人在社会活动中的行为加以约束。法治中国不仅能够转变国家理性和社会理性，同时还能够完善个体公民，实现国家、社会和个体公民的共同成长，实现全面发展。生态文明建设和法治建设的根本目的都是为了促进人的全面发展，那么生态文明建设和法治建设就必然会出现共同的追求价值，以实现二者的共同进步。

生态文明建设与法治建设具有同样的精神内涵。两者都把实现人的全面发展作为自身的价值追求，把新的理性观念贯穿整体。生态文明建设是丰富法治的重要组成部分：在理论领域，推进法治更新观念使法治建设更加尊重、服从客观规律；在实践领域，强调生态法律制度的必然性和必要性，切实提高了国家法律的质量。生态文明建设的基础就是法治建设：在概念层面规范思维方式，审视和指导生态文明建设；建立科学、完善的制度体系，促进生态文明建设的规范化和法治化，运用方法论解决生态文明建设问题。法治建设和生态文明建设是相互补充的两个具有紧密内在联系的概念，是中国特色社会主义事业的亮点和特色之一。

在我国社会主义发展过程中，无论是生态文明建设还是法治建设，都发挥着不可忽视的重要作用，二者的发展程度在很大程度上显示了我国的社会主义事业的进展。我国的文明转型不仅要倡导法治体系的发展，更要关注生态文明体系的发展。尽管生态文明建设和法治建设属于不同的领域，但是，在社会的发展过程中，它们之间的联系是非常紧密的，在实践中还有一种相互补充的密切关系，生态文明建设和法治建设会相互促进，在新时期新形势下，要实现二者的融合发展。

### 三、发达国家的法治经验

在实行生态治理的过程中，各个国家普遍都重视立法的作用，可以说，完善的法律体系是进行生态环境保护的有力保障。在市场经济体制之下，政府制定了严格的法律规范，以此约束人们的行为，降低人们的生产消费活动对生态环境的不良影响。生态法治是开展生态文明的必要环节。

政府的立法行为就是一种权力的再分配，用强制力约束公众和政府工作人员的行为，在人们心中逐渐成为一种道德的约束。发达国家想要进行生态文明建设，必然要通过完善法律法规，用立法的形式禁止破坏生态环境的行为。可以说，生态环境的治理离不开严苛、有效、完善的法律法规体系。同样，该体系的建立还可以为政府工作人员的执法行为指定方向。

20 世纪，在西方国家爆发了一系列生态危机事件。为了治理这些问题，西方发达国家必然要治理环境污染问题，其中立法保护对防治生态环境污染产生了较好的效果。例如，1952 年，在英国伦敦曾经爆发了"伦敦烟雾事件"。在汲取了伦敦烟雾事件的惨痛教训后，英国率先开始进行了空气污染治理。1956 年，英国率先出台了世界上第一部《清洁空气法》，随后出台了《工业场所健康和安全法》《空气污染控制法案》《空气质量战略草案》等，英国以立法的形式确定了防治空气污染的战略意义。伦敦烟雾事件的发生是英国开展环境保护的转折点，为英国人开展生态保护行动奠定了法律基础。这一系列的法律法规，为空气污染治理提供了有效的支持与保障。经过不懈努力，有毒烟雾在 1965 年从英国消失，随之而来的汽车尾气的污染，英国有针对性地制定了完善的法律法规。

英国并非仅局限于制定大气污染防治法，还针对生活中的水污染、噪声和森林等涉及人们生活方方面面的危机，制定了相应的法律法规。例如，针对在城市和乡村中经常出现的水污染问题，英国政府出台了1960年的《清洁河流法》、1963年的《水资源法》、1973年的《水法》、1974年的《海洋倾废法》等；针对噪声污染，出台了1960年的《噪声控制法》；针对能源问题，出台了1965年的《核设施安装法》、1971年的《油污染控制法》、1972年的《天然气法》等。除此之外，英国还有有关森林、乡村、城市、食品、公路等法律法规，涵盖了人们生活生产的全方面，在此就不一一赘述。

人们为了自然和人类的可持续发展，为了保护人们的生存环境，就必须制定一系列完善的法律法规来保障环境保护行为的实施。

德国在西方国家中是最早将环境保护写入宪法之中的。早在20世纪70年代，德国就积极讨论将环境保护的内容写入宪法，并在后来修改宪法的时候，将环境保护的内容正式写入了宪法之中。该宪法的确立让环境保护成为整个德国的追求目标。

德国在将环境保护写入宪法之后，也制定了一些环境保护法律法规，用来辅助人们合法地进行生产生活活动。人们在法律规范约束的情况下，可以有秩序地开展生产活动和保护生态环境。这些法律体系完善，涵盖范围很广，主要涵盖了政治、经济、社会、资源等方面。目前，德国已经制定的环境保护法律法规主要有《保护空气清洁法》《垃圾管理法》《环境规划法》《有害烟尘防治法》《水管理法》《自然保护法》《森林法》《渔业法》等。

## 四、我国生态法治建设治理现状

新时代我国生态文明法治建设步入了全新的阶段，随着改革开放的不断深入，人们的认识水平不断提高，生态文明建设与法治建设也取得了长足发展，生态立法、生态执法、生态司法在各个领域不断更新。我国的生态法治建设在改革开放的四十年来具体可以分为三个阶段：1978年—1989年生态文明法治建设初步发展阶段，1989年—2014年生态文明法治建设完备阶段，以及2014年至今的生态文明法治建设快速发展阶段。

我国自古有通过法律约束人们行为，从而达到环境保护目的的传统。我国历史上第一部有关环境保护的法律是秦朝制订的《秦简·田律》，这一法律文本对农田水利建设和山林保护等问题都有所涉及，是我国历史上第一部涉及环境保护的成文法典。《秦简·田律》不但有保护植物林木、鸟兽鱼鳖的具体规定，还有让水道不堵塞的严格措施，是我国第一部环保法，也是世界第一部环保法。但是，在很长时间里，环境保护并未纳入法治轨道。中华人民共和国成立后的若干时间内，环境问题仍未引起充分重视，乱砍滥伐现象甚至十分严重。

20世纪70年代，我国开始重视环境保护事业，并将环境保护列为一项基本国策。1973年，我国召开了第一次全国环境保护会议，以国务院行政法规的形式制定了《关于保护和改善环境的若干规定（试行草案）》。随着环境危害的日益凸显以及公众对环境问题关注度的不断提高，我国将环境保护和能源开发等生态问题放到了更高的战略地位。1994年，我国制定了《中国21世纪议程》，该议程涉及了我国可持续发展的战略目标、战略重点，以及可持续发展的立法和实施等问题，是中国环境保护事业发展的重要里程碑。

当前，良好的生态法治运行机制正在逐步形成，体现在生态环境立法步稳蹄急、生态环境执法步伐矫健、生态环境司法步履如飞、生态法治社会起步"参与"等多个方面。

第一，在生态立法方面，我国的生态法律体系建设取得了显著的成就。我国的环境立法起步虽然比较晚，但发展很快，在多年的环境保护实践中，我国逐步建立起了一个由中华人民共和国《宪法》、环境保护基本法、环境保护单行法、环境保护行政法规和环境保护部门规章等组成的较为完善的环境保护法律体系，建立了以《宪法》为基础，以《中华人民共和国环境保护法》为统领，以环境单行法，如污染防治法、自然资源法、生态保护法为主干，以其他相关法、行政法规、部门规章、地方性立法、环境保护标准体系及国际环境保护公约为补充的相对完善的法律架构。

1979年，我国颁布了《中华人民共和国环境保护法（试行）》（以下简称《环境保护法》），该法在1989年12月正式实施。《中华人民共和国环境保护法》依据宪法有关环境保护的规定，规定了环境保护的原则、基本制度和管理措施，还把环境影响评价、污染者的责任、征收排污费、对基本建设项目"三同时"等，作为强制性的法律制度确定了下来。该法的颁布对我国环境保护事业的发展具有非常重要的意义，为我国环境保护事业进入法治轨道奠定了基础，为我国实现环境和经济的协调发展提供了有力的法律保障。我国修订了《环境保护法》，确立了保护优先、预防为主、综合治理、损害担责的基本原则，相继修订了《中华人民共和国大气污染防治法》《中华人民共和国水污染防治法》《中华人民共和国海洋环境保护法》等专门法律，逐步搭建起环境保护法律的坚实体系。

在《环境保护法》的基础上，我国陆续制定和颁布了百余部保护环境的法律法规，包括环境保护现行法、相关法以及行政法规、地方行政法规等，已经形成了一个多层次的、涵盖广泛的行政、法律体系，包括《中华人民共和国海洋环境保护法》（1982 年）、《中华人民共和国水污染防治法》（1984 年）、《中华人民共和国环境噪声污染防治法》（1997 年）、《中华人民共和国环境影响评价法》（2003 年）、《中华人民共和国海岛保护法》（2010 年）、《中华人民共和国水土保持法》（2011 年）、《中华人民共和国大气污染防治法》（2016 年）、《中华人民共和国环境保护税法》（2016 年）、《中华人民共和国土壤污染防治法》（2018 年）等专门性法律，也包括行政法规层次的《中华人民共和国自然保护区条例》《建设项目环境保护管理条例》《规划环境影响评价条例》《中国生物多样性保护战略行动计划》《渤海碧海行动计划》《中国 21 世纪议程》《中国应对气候变化国家方案》《环境保护违法违纪行为处分暂行规定》《环境保护督察方案（试行）》《环境信息公开办法（试行）》等政府规划和行动计划。

2018 年，十三届全国人大第一次会议表决通过《中华人民共和国宪法修正案》，生态文明写入了宪法，这在我国宪政史上尚属首次。

第二，在生态执法方面，环境行政执法能力逐步增强。随着我国生态法治建设的不断推进，环境行政执法与环保督察逐步强化。在行政执法领域，法律确立的按日计罚、移送拘留、查封扣押等严格制度得到了有效执行，对环境污染和生态破坏等违法行为起到了极大的震慑作用。在环保督察领域，通过强有力的上级部门监督和人员问责，让环保法规定的政府责任能够得到真正落地实施。

第三，在生态司法方面，我国环境司法专门化水平不断提高。在环境司法领域，我国审判机关审结的环境类案件不断增加，不仅设立了专门的环境审判庭，而且实现了环境资源类案件的"三合一"审理。随着公众环境意识和维权意识的提高，环境诉讼开始成为解决环境纠纷的重要途径之一。

2014 年 7 月，最高人民法院成立环境资源审判庭，这成为中国环境司法专门化的"快捷键"。环保法庭以环保审判庭、环保巡回法庭、独立建制的环保法庭和环保合议庭四种模式存在。

2015 年，全国人大常委会授权检察机关开展提起公益诉讼试点。人民法院、人民检察院充分发挥纠纷解决功能，出台了一系列司法政策、司法解释，建立了专门环境资源审判机构，提起环境公益诉讼，发布典型案例，为促进生态文明建设保驾护航，走出了一条中国特色的"绿色司法"之路。

可以说，经过三十多年的发展，我国在法治建设过程中以及在应对和处理环境问题的过程中逐步走上了生态法治化道路，生态法治框架已初步形成，并在保障生态文明建设方面取得了一定的进展，对我国经济建设过程中出现的环境污染和生态破坏的治理和预防工作起到了积极的保障作用。

## 五、加强生态法治建设的途径

生态法治建设是缓解环境问题、改善生态状况的重要途径，能为生态文明建设提供制度保障。随着我国社会主义法治建设的加快和环境保护力度的加大，生态保护的法律法规将会发挥越来越重要的作用。健全生态法治体系，提高生态法治水平，加强生态法治建设，切实做到在生态保护方面有法可依、有法必依、执法必严、违法必究，对于法治社会的建设和生态文明的建设都具有重要意义。

生态法治建设既是一个复杂的系统工程，又是一个历史的过程。针对我国生态法治建设存在的问题，我国应以生态文明为方向，以维护环境正义为宗旨，不断发挥环境法律调整人与自然关系的作用，在完善生态立法、加大生态执法力度、优化司法程序、提高公民环境守法意识、完善公众参与制度和加强监督管理体制等方面加强有中国特色的生态法治建设，使环境法律成为建设环境友好型、资源节约型社会和生态文明的法律保障。通过法律手段塑造全社会绿色、低碳、循环的生产生活方式，是我国生态文明法治建设的终极目标。

为进一步加强生态法治建设，我们必须做到以下几点：

1. 坚持全面贯彻依法治国

全面依法治国是推进生态法治的总引领。依法治国贯穿生态法治的立法、执法和守法三个层面，对生态法治建设的各个环节发挥作用[1]。在依法治国之下构建生态文明体系，需要用法治的思维思考生态问题，用法治的手段解决生态问题。

---

[1]  马生军. 推进生态法治 建设美丽中国 [J]. 人民论坛，2018（5）：88-89.

立法、执法、司法、守法四个环节并非孤立存在，也没有严格的先后顺序，它们相互依存、相互影响。

2. 推进生态环境立法系统化

完善生态环境法律体系，逐步细化相关环境保护法律；按可持续发展要求对环境法进行创新和改造，确立符合生态文明要求的行为规范；弥补环境立法空白，如在环境教育、生态环境损害赔偿和光污染方面立法等；修改现有环保法律法规中互相矛盾、与实际情况不相适应的条款，加强相关环境法律的解释工作，增强环保法规的可操作性和权威性，并及时制定相应的行政法规和规章。

3. 完善环境司法体制机制。

完善环境司法体制机制，维护生态文明建设秩序；全面更新环境司法理念，将环保优先、预防优先、公众参与等体现生态文明精神的理念贯彻到环境司法的各个环节；加强环境资源审判组织和队伍建设；推进司法体制改革，探索设立跨行政区划的审判机构和管辖制度，不断提升环境资源案件的审理水平；加强环境资源审判制度建设，着力推进环境资源司法专门化，完善环境资源审判专门化与传统审判方式的协调与协同机制，统一裁判尺度；大力推进环境公益诉讼制度，推进纠纷多元化解决方式并加强对接，不断探索具有中国特色的生态环境公共利益保护的司法模式。

4. 健全生态法治监督机制。

监督监管是环境行政管理中的一个重要的环节。如果执法不严、监管不力，那么环境政策和法律将不会得到有效的实施。完善生态法律监督机制，需要制定更加合理和完善的环境行政监督机制来保障环境法律法规的施行；加强生态法治的法律监督，需要充分发挥生态法律的监督，包括司法监督、社会团体监督和舆论监督的作用；通过建立和实施生态环境违法违规责任追究制度，激发和强化各级领导干部、环保执法人员、环保产业单位及其从业人员和广大人民群众的生态文明建设责任意识；规范和完善环境污染听证制度，使公众能够通过适当的机会、手段和途径参与环境法律监督，这样既能提高公民的守法自觉性，又能增强他们监督环境执法的责任感。为了加大环境法律的监督力度，还需要建立健全环境信息披露机制。

# 第三节　生态文明科技建设

生态文明的科技指的是生态科技，代表着一个时代的科技发展趋势，是生态文明时代的产物。

## 一、"生态科技"的概念释义

### （一）科技发展的生态转向

随着时代的推移，人类逐渐扩展生态学的理论内涵，使得生态学的思想更加成熟。一种成熟的生态学思想必然会在许多领域中应用和渗透，而"生态"一词的涵盖范围逐渐扩大。"生态"一词经常出现在我们的生活中，被人们用来形容美好、健康、和谐的事物。生态科技中的生态代表着科技发展的前进方向，阐明了生态的理念，将会贯穿科技发展的始终，渗透科技发展的每一个环节、每一个领域。生态科技的发展有助于促进整个自然生态系统维持良性循环，同时能够优化自然生态系统结构的先进的科学技术系统。这种生态学的观念时时刻刻引导着科技朝着更清洁、更节能、更环保的方向发展，为人们营造良好的居住环境，提升人们的幸福感。

原始文明、农业文明时代，科技发展水平不高，只能依靠人力来利用自然，满足人们日常生活的基本需求。人们"顺天而为""尽人事，听天命"，对于环境的影响甚微。到了工业文明时代，蒸汽技术出现实现了机器工业的大规模生产，这时候人们的物欲越来越膨胀，不仅局限于对基本生存需求的满足，还有了衣、食、住、行全方位的高质量生活需求。这种传统的发展观念将人类的需求放在首位，旨在满足人类的物质需求，将科技作为满足需求的辅助手段，不断追求经济利益的最大化。这种粗放型的经济发展模式的根本目的是帮助人类从自然中获得源源不断的物质资源，却忽略了这种一味索取、一味排放的模式对自然环境造成的巨大伤害。生态科技的出现恰好解决了这一问题。生态科技的目的是发展一种高效节能、环保无污染的科技，兼顾经济效益和社会效益，在尊重自然规律的基础上，努力改善生态环境，并且在最大程度上实现经济效益，努力达到生态的经济化发展。总之，生态科技是以生态学的理论作为发展的基础，将经济、社会、人的可持续发展作为发展方针，目的在于建设清洁型社会。

## （二）生态建设的科技手段

在进行生态文明建设的过程中，生态科技是一个重要的手段。如何使用生态技术、使用何种技术解决生态问题、在技术使用过程中需要兼顾哪些方面的问题都是生态科技需要考量的问题。在传统的科技观中，科技只是人类获得自然资源的一种技术手段，如何能达到利益的最大化才是导致技术产生的主要因素。但是，随着生态危机的加深，人们要考虑如何解决环境方面的问题，让人与自然的关系处于和谐的状态中，能保证人类生存的长治久安。一般的技术手段在面临生态危机等问题的时候，主要依赖运用化学物品，通过借助这种化学性的技术手段来解决已有的生态危机。从长远来看，这种一般的技术手段不利于人与自然关系的和谐发展，相反，还会加剧人与自然之间的矛盾。例如，人们为了防治病虫灾害发明了一种名为"滴滴涕"的杀虫剂，这种杀虫剂的化学性质十分稳定，可被植物、动物、人类所吸收，经过食物链的循环积累，植物吸收了土壤中的滴滴涕，食草动物吃了含有滴滴涕的植物，人类又食用了吃了滴滴涕植物的动物，由此循环，最终滴滴涕的毒素顺着食物链进入人类体内，危害人类的生命安全。起初人类发明滴滴涕主要用于农业生产，让农作物得以丰收，但是，滴滴涕这种具备不溶解性质的杀虫剂却对生态环境造成了巨大的污染，甚至还影响了人类的健康。生态科技所使用的是一种清洁型、无公害、亲自然的技术手段，一方面保留了自然的天然性；另一方面，发展清洁技术实现了自然环境的可持续发展。总之，生态科技的发展能够兼顾环境保护和社会进步，致力于实现生态环境的发展和保护，追求改善生态环境，让生态文明建设取得长足的进步。可以说生态科技是一种在短时间内缓解人与自然之间矛盾关系，解决生态危机问题的有效手段。从长远来看，生态科技是一种可以根治生态危机问题的有效技术手段。

## （三）生态科技的四个维度

想要进一步理解生态科技的内涵，可以从经济、政治、文化、社会四个维度去理解。

### 1.经济维度

施行生态科技并不意味着不要经济效益。生态科技是一种将经济效益与保护环境相结合的技术手段，主张建立一种以环保为主、健康发展经济的模式。生态科技同样追求经济效益，但将经济效益和保护环境摆在了同等重要的位置。保护环境就是追求生态效益，而生态效益也是经济效益的一种类型。在经济领域，生态科技最重要的就是建立一种环境良好型、生态和谐型、社会稳定型的新经济发展模式。生态科技通过产业结构升级、经济增长方式优化，兼顾社会经济发展的各个方面，从而实现社会经济态势稳中有进的发展。

2. 政治维度

在以往传统的社会生活中，人们注重社会各个方面的发展，判定一个国家发展情况的最重要指标是衡量一个国家的经济发展水平。但是，在实际操作过程中我们会发现，单单衡量一个国家的经济发展水平对于人类发展来说是片面的，我们还应该注重衡量人类居住的环境、自然地理环境这些指标。生态科技成为推动社会生产力的重要驱动力，成为协调人与自然关系的调和剂，为人们建设生态文明提供了新思路和新道路，形成了良好的政治氛围。

3. 文化维度

在中国古代文化中，有关于生态的文化思想数不胜数，如"天人合一""道法自然"等都体现了人与自然和谐共生的文化思想。现如今，生态科技有了如此迅猛的发展势头，离不开文化作为其强大的支撑和驱动力。生态科技在文化指向上拥有非常鲜明的价值观念——树立生态化科技价值观。科技的发展不应该以牺牲环境作为代价，人类在进行生产生活的时候，要注意尊重自然的有序规律，保护生态环境，运用现代生态化技术开展清洁和治理，最终实现人与自然的和谐共生。当今，我们处于生态文明发展的环境中，以人与自然和谐共生作为文化价值导向，将生态科技创新融入社会生活的方方面面，降低了人类生活对环境的污染和伤害，努力构建生态文明、环境友好型社会。

4. 社会维度

发展生态科技的根本目的是促进社会进步发展，这是生态科技的出发点和落脚点。现阶段，我们应当将和谐的观念深化社会生活的方方面面，不断优化产业结构升级，不断改善人们居住的生态环境，不断促进社会的进步发展，通过调节自然资源，保证自然资源的可循环利用，努力创建生态型社会发展模式。

## 二、生态科技思想的主要观点

生态科技的产生是依据食物链的规律，按照食物链能量的流动特性，通过食物一级级、一层层地转化利用，不断地进行循环再生。生态科技所追求的正是这种循环再生的食物链规律。依照可持续发展的原则，生态科技思想具有以下三种观点：

第一，传统的科学技术在解决生态危机问题时，它的解决能力和范围是有限的。在工业文明时期，也就是在科学技术发展的鼎盛时期，生态环境的破坏已经到了严重地步。人们把这一切归咎于科学技术，认为科学技术是破坏生态环境的罪魁祸首。传统的科学技术由受人们推崇，再到摒弃，经历了一个大起大落的过程。人们已经充分认识到，如果人的活动过分干预自然，则会对自然环境造成非常严重的不利影响，破坏生态系统的自我调节能力。因此，保护生态系统的可持续发展对于人类来说迫在眉睫。全球是一个整体的循环系统，需要全球各地的人们对生态系统的保护贡献自己的一份力量。就是在这样一个背景下，生态科技观产生了。生态科技观的产生是对以往传统科学技术的超越，是对新形势下生态文明政策的响应，带动全球人们发展生态化科学技术，在科技创新方面形成显著影响。

第二，由于我们生活在一个技术化的环境中，难免遇到一系列的问题，究竟人类是技术的主人还是奴隶？技术使人们的自由受到了限制还是得到了发展？从现实环境来看，人类有控制和驾驭技术的能力。依据人类的能力发现人类已经有足够的力量能够利用改造自然，但是，这种力量的使用前提是充分考量自然的承受能力，在自然的承受范围内才能够实施。

因此，在生态科技发展的过程中，人类必然是科技的主人，这就意味着科技的发展要尊重生态的伦理道德，践行生态科技所倡导的观念，维系生态系统的平稳运行。

第三，生态科技的发展是一个可持续的发展过程。生态科技不仅仅是生态理论原理的更新，也是生态研究成果的变革。生态科技提倡的是一种节能环保的生产技术，建议建立节约型的科技应用，在降低资源消耗、提高产品的产出、减少能源的消耗方面具有显著成效。生态科技是一种可持续发展模式，是一种动态的发展过程。

### 三、生态科技的基本特征

到了 21 世纪，人类已经经历原始文明、农业文明、工业文明，正处在生态文明时代。生态文明是一种新型的文明，将物质资源和精神资源高度集中，是一种自然生态和人文生态的高层次文明。生态科技的飞速发展改变了人们传统的自然观、价值观、发展观等。这时候的"生态"已经不是传统意义上的生态了，它推动着社会的进步、政治经济的健康发展、文化伦理层面的深入等，保证各个领域协调健康发展。中国在科技方面的口号是"科学技术是第一生产力"。为了适应社会的发展，生态科技的产生顺应了社会历史发展的必然趋势，必定会被大众认可和推广。

#### （一）高度协调性

社会各个领域的发展都离不开技术的支持，如新能源、化学、物理、生物等领域，展现了科技的巨大的凝聚力。科学技术的综合性就像一张巨大的网，将各个领域编织在一起，带领所有领域共同协调发展。新时代的生态科技观具有高度的协调性，在解决人与自然、人与社会、科技与自然的关系方面具有突出贡献，高度协调了各个关系层面所面临的困境。传统的科技观局限于解决"一对一"的单一型运作模式问题，却忽视了其他问题的存在。例如，农民使用农药的目的是解决病虫害问题，让农作物得以丰产，却忽略了农药对于土壤、水质的污染是无法估量的。恩格斯在《自然辩证法》中提到："我们不要过分陶醉于我们人类对自然界的胜利。对于每一次这样的胜利，自然界都会对我们进行报复。"恩格斯的思想是前卫的，他在他所处的年代预知了当人类的活动超过了自然的承受能力的时候，人类就会遭受自然的报复，这种报复对于人类来说是致命的。在工业文明时代，人们得益于科学技术的变革更新，却在过度膨胀的态度中迷失了自我，养成了蔑视自然的态度。在这种态度支配下的人类行为，使得人与自然之间的矛盾越来越激化。生态科技是一种科学的科技发展模式，兼顾了各个领域，对各个领域进行协调统筹。生态科技还倡导遵循自然的发展规律，在此基础上更新发展技术手段，积极开展清洁型、节约型、循环型、可持续型的科学技术。当解决能源、生物、化学、物理等综合性领域问题时，将生态科技作为指导思想，主动发挥它的高度协调性，可以实现社会各个领域的和谐共存和长久发展，保障人、自然、社会的可持续共存。

### (二)高度平衡性

科学是人们对物质世界客观规律的一种理性认识,技术则是人们在改造客观世界的过程中积累起来,并在具体的实践活动中体现出来的可操作性的手段、程序和方法。恩格斯曾指出:"……技术在很大程度上依赖于科学状况,那么科学却在更大程度上依赖于技术的状况和需要。社会一旦有技术上的需要,则这种需要就会比十所大学更能把科学推向前进。"[1] 由此可以看出,科学和技术是相辅相成的。生态科技除了力求科学和技术的平行发展外,还要求科技与人文环境和自然环境相协调。当代科技革命的实质,就是把科学进步与物质生产在技术基础上的变革结合起来,科技进步作为物质生产发展的主导因素,能对社会生产力进行彻底的改造。这种改造的力量促进了人类社会一步步遵循着社会发展的规律进步和变革。而生态科技观,在认识与平衡人类社会发展规律与自然界发展规律之间的相互关系中,有着重要的指导作用。

生产力与生产关系之间的相互关系,影响着人类社会的发展进程。生产力对生产关系具有决定性作用,而生产关系对于生产力也具有反作用。人类在认识与改造自然的过程中,其实践能力不断增强,随之增强的是人类对于自然界的征服能力。从历史的长河中可以发现,人类征服自然的能力越强,社会形态就越显得先进,生产关系也越向更高的层次发展。随着人类社会的不断进步,生产力水平不断提高,生产关系也会自然而然地发生变革。在这一过程中,科学技术对于平衡生产力与生产关系之间的发展,有着举足轻重的地位。经济体制改革、政治体制改革、文化教育体制改革等生产关系的变革,对社会生产力的推动作用毋庸置疑。如何使资源能源在这一过程中逐步实现合理的分配和使用,自然生态环境能维持原态,不遭破坏,就显得尤其重要,这对生产力生态化和生产关系生态化的更新发展提出了要求。而生态科技观所提倡的,维持人与自然之间的关系的和谐共生为最高准则,以不断解决人类社会前进发展与环境保护之间的矛盾为宗旨,同时强调科学技术的发展不局限于追求单一的经济效益,最终促成人、自然、社会三者之间生态效益才是未来追求的根本。全球所有的人共同建设生态文明,才能让生态科学技术成为第一生产力,推动着人类社会生产关系的生态化变革,使人类社会长足进步和可持续发展。

---

[1] 许俊达.马克思主义经典文本解读新编[M].合肥:安徽大学出版社,2010.

### （三）高度可持续性

生态科技观的高度调和性，针对的是现有问题的解决方式；生态科技观的高度平衡性，解决的是发展的过程。而生态科技观对于人类未来的探索与走向，有着高度的可持续性。

进入生态文明的社会，人们要具有高度的责任感，并且要慎重地运用自己的能力。生态文明社会要求人们在采取行动时，应当充分预估可能产生的后果，在作出选择之前，必须先考虑对未来的长期影响。生态科技在沟通现在与未来方面具有双向功能，也就是说它既可立足于现在，也能够探索和预测未来，从而评估、审视并检验人类现在行为和决策的性质。这种沟通现在与未来的双向功能，也表明了生态科技具有自我完善的优点。它可在生态环境问题出现之前，做到提前预防，并制定处理生态环境问题的有效对策。这种自我完善的特点也提示生态科技是作为一种"动态的思想"而存在，它不是一成不变、故步自封的价值观，而是会随着人类社会的发展进行自我调整的一种先进的科学技术观。作为生态文化的一部分，生态科技观具有立足当下和面向未来的双向性，这种特性正是其高度可持续性的诠释。

## 四、生态化环境与生态产业

在进行生态文明建设的过程中，单单依靠治理所产生的生态效果是不明显的，我们还要将防与治相结合，这样不仅能够治愈旧伤，还能够防止新伤的产生。生态文明的成功开展不仅意味着人类对于环境保护的重视程度加深，更意味着人类对于自己的生产生活方式开始进行慎重的反思。以往高耗能、高产出的生产方式造成了资源的过度消耗和废弃物的过量排出，对于生态环境造成了破坏。针对这种生产方式，人们集思广益，提出并建设了生态工业园和生态农业园，让生态文明思想成功落地。

### （一）生态化科技与生态农业

1981年，英国给生态农业下的定义为："生态上能自我维持，低输入，经济上有生命力，在环境、伦理、审美方面可接受的小型农业。"该定义是将生态化的思想融入农业建设中，在生态的基础上开展农业建设，此后各国学者对生态农业作出了多种不同的解释。

生态农业在生态学理论的基础上，运用系统工程方法，在保护环境的前提下，合理调配农业生产，因地制宜地规划资源、环境和效率，是一种综合性的农业生产体系。中国的生态农业是包括农、林、牧、渔及其他乡镇企业等多层次复合农业系统。生态农业在建设过程中，要将保护生态环境作为前提，维持物种资源、水资源的可持续发展，依靠现代科学技术和社会经济信息进行生产，按照能量输入与输出平衡的原理，充分发挥废弃物资源的可循环利用，发挥物种多样性的优势，建立良性的物质循环系统，保证农业系统的稳定发展，让人类社会实现经济效益、社会效益和生态效益三者的有机统一。由此来看，生态农业是一种借助科学技术，将农业的可持续发展和保护环境相结合，实现两者共同发展进步的一种复合型农业发展模式，目的是让人与自然形成和谐、共生的关系。

在我国大力追求农业增产的时候，农业发展面临的形势其实已经十分严峻。全国水土流失面积高达 367 万平方千米，占中国国土总面积的 38%；20 世纪 80 年代以来，我国沙化面积年均扩大 2 460 平方千米。[①] 面对如此严峻的形势，我国的科学家开始想方设法采取一系列的措施治理环境危机。然而，人类治理的速度却赶不上土地退化的程度，大多数沙漠化的地方仍然呈现沙进人退的趋势。另外，水资源的严重匮乏也是制约我国农业发展的主要因素。

生态农业生产模式的重点是保证能量最大化，并且最大效率地流向大众。因此，人们在进行生态农业生产的过程中，会注重资源的最大化利用和生态环境的保护工作。首先，农业生产要秉持整体性原则，主张发挥生态系统的整体性功能，做好全面规划、统筹兼顾，让农业中的农、林、牧、渔等产业相互配合、共同协作，在保护环境的前提下，提高农业生产力。其次，农业生产要与制造业、加工业、仓储物流业相互配合协作，最大限度地减少资源的浪费，保持资源的可循环利用，达到利用的最大化，从而降低农业的生产成本，高效地利用农业资源。在进行农业生产的时候，我们还可以将农业资源进行再加工利用，增加农业产品的附加值。这种方法不仅可以为当地的居民增加就业机会，还能够减少物流成本，做到产品的本地化加工，从而达到经济效益的最大化。同时，在进行农产品的再加工利用过程中，要注意环境保护，将废弃物进行无害化处理后再向环境排放，实现生态

---

① 中华人民共和国自然资源部.我国水土流失面积持续减少 [EB/OL].（2019-07-02）[2023-01-31].https://www.mnr.gov.cn/dt/ywbb/201907/t20190702_2443572.html

效益的最大化。这些措施既能够让农业生产者收获经济效益，也能够在保护环境的过程中，实现资源的可循环利用，保证生态效益的最大化。最后，在进行农业生产建设的过程中要因地制宜，具体问题具体分析。我国的地理环境复杂多变，国土面积庞大，物产资源十分丰富，各个地方的农业生产环境、经济发展水平、人文风俗习惯等都不同，因此，我们要以生态学原则作为指导要素，将传统农业的优势与现代科学技术相结合，并且根据当地的实施情况，发展具有当地特色的优势产业和生产基地。

我国的地形复杂多变，主要有平原、丘陵、山区、盆地等多种地形，根据不同地形的特色，当地人建成了符合本地发展特色的生态发展模式。总体来说，我国各地具有远大发展前景的生态农业发展模式共有三类。

第一，北方"四位一体"生态农业模式。这种模式是以生态学、生物学、系统工程学、经济学原理为依据，将土地资源作为基础，将太阳能作为发展的动力，以沼气池作为纽带，将种植业与养殖业相结合，进行综合开发和利用的种养生态模式。在一片封闭的土地上，聚集着沼气池、家禽舍、厕所、日光温室、蔬菜生产等，将这些组合在一起，通过生物质能的转化，形成一个产气与积肥同步进行的模式，实现能源的良性循环利用，这就是"四位一体"的生态农业模式。这种模式的构建方式是：在一个一百五十平方米的土地上，覆盖一层塑膜，在这个温室的另一侧建成一个八至十平方米的沼气池，并且在这个沼气池的上面建造一个二十平方米的猪舍和一个厕所，从而形成一个封闭的人为的生态环境。该模式运用的生态技术包括：一是经过太阳能的照射，在这一个封闭的系统中，这个地区的温度比外边要高3℃～5℃，从而为猪的生长提供适宜的生活条件，使得猪出栏的时间缩短。猪饲养量的增加，还为沼气池提供了充足的原料。二是沼气池在太阳的照射下升温，解决了北方在寒冷条件下的产气技术难题。三是猪为了维持生命，会吸收氧气，呼出二氧化碳。在温室中，这些呼出的二氧化碳浓度提高四至五倍，改善了蔬菜生产的条件。这样既改变了蔬菜的品质，又提高了蔬菜的产量，生产出绿色无污染农业产品。

第二，南方的"猪—沼—果"生态农业发展模式。该模式是一种用沼气作为连接养猪和种植果树的纽带，从而用沼气带动畜牧业和种植业共同发展的生态模式。在这个模式中，人们用沼液和饲料的混合物喂猪，能够大大缩短猪出笼的时间，还可以减少饲料的喂养成本，激发了农民养猪的积极性。农民还可以用沼肥为果树施肥，降低肥料成本，增强果树的抗旱、抗寒和抗病能力。

第三，西北的"五配套"生态农业模式。这一模式可以解决西北地区的用水难题，促进农业的可持续发展。这种模式的建立是在一个农户的家里建沼气池、一个果园、一个暖圈、一个蓄水池、一个看营房，实现人厕、沼气、猪圈三者的有机结合。在圈内建沼气池，在沼气池池上搞养殖，除养殖之外，用家禽的粪便喂养猪，用猪粪产生沼气，建立一个多元化的、可循环的生态农业模式。这种生产模式是将沼气作为连接的纽带，以太阳能作为动力，形成沼与畜之间相互促进，用沼促果，果牧结合的良性循环发展体系。

现如今，我们不得不承认广大农民生态意识已经提高，他们的生态意识提高带动了生态农业模式的开展，这种生态模式的开展又带动了人们发展生态农业技术。农业科学家们依照生态农业的标准，用研究成果结合科学实践，从农业生产的需要出发，制定了符合生态系统发展规律的生态农业技术。

### （二）生态化科技与生态工业

生态工业发展的最早萌芽出现于 20 世纪 60 年代至 70 年代，一般认为，生态工业指的是仿照自然界生态过程中物质循环的方式，应用现代科技所发展的一种多层次、多结构、多功能的，将工业废弃物原料转变为可利用物，实现循环生产的新型工业生产模式。这种新型的工业生产模式可以实现资源、能源利用的最大化。工业文明的出现是人类文明发展历程中具有里程碑意义的事件，这种划时代的文明却对环境造成了不可逆的影响。工业文明带来的大机器生产，追求单一的经济效益，直接导致了人们现在面临的生态危机问题。

传统的工业生产活动只追求经济效益，而忽略了生态效益和社会效益，是一种单一诉求型工业发展模式。这种工业模式的弊端就是高耗能、高污染，为环境带来了严重的不良影响。随着生态文明的发展进步，人们逐渐重视将生态智慧融入工业生产中，创造了一种生态工业模式。这种生态工业模式将生态效益放到与经济效益并重的地位，从战略上注重生态系统的循环、资源利用率的最大化、环境保护等，谋求工业的可持续发展。生态工业的发展要兼顾经济效益和生态效益，在长链共生原理、价值增值原理和自然可承受限度原理的指导下，对资源进行合理的开采利用，让工矿企业之间相互协作，形成一个共生的网络生态工业链。有一些企业生产完的废料对于其他企业是一种原料。工矿企业之间进行相互协作的发展模式，可以实现资源的集约利用和循环使用，这种生产模式是环形的，而不是传统的线形。

从产业结构来看，原本的产业结构是单一的。在一个煤炭产量丰富的地区，当地的经济结构是以煤炭开采为主，对于其他的配套产业重视程度不够。当一个地区的煤炭资源衰竭，采用量不足的时候，这个产业必将面临衰竭，这个城市可能也会就此退步。生态工业是一种多元化的产业结构，要求建立多个产业相互配合的完整产业链，生态工业园的出现就是对这一想法的最好诠释，是在一定区域之上建成的制造业和服务业于一体的综合型产业园区。在这个园区内，各个企业都致力于同一个发展目标，共同管理环境方面的事宜，从而获得经济效益和生态效益。生态工业园设计遵循生态系统的耐受性原则，尽量减少废弃物的排放，将"原料—生产—废料"的线形发展模式转变为"原料—产品—废料—原料"的环形发展模式，通过生态工艺关系，尽量扩大资源的加工量，最大限度地开发和利用资源。

生态设计的实施是一个系统化和整体化的过程，需要考虑原材料的选择、生产、设计、营销、售后服务到最终回收处置的过程。生态工业的设计体现了生态循环的系统论思想。以往传统的制造业是以市场的需求作为生产的导向，这是衡量生产合理性的唯一标准。生态工业注重生态效益、经济效益和社会效益，是三者的有机结合。它要求工业设计要符合生态学的原则，对自然环境不会造成严重危害，否则无论这件商品的市场需求反响多么热烈，都不许进行生产销售。另外，"生态关"是生态工业检验商品的一个最重要的关卡，在商品生产过程中要做到清洁生产。所谓清洁生产指的是无论在产品生产过程中，还是在废弃物的排放环节，都应该注意进行防治结合。生态工业要尽可能地加强资源利用率，使其达到最大化和最优化，多开发可再生能源，并且合理地利用常规能源，在各个环节都应该注意节约能源，防止有毒物质的排放，即使要对环境进行废弃物排放，也应该将有毒物质的含量降到最低。总之，生态工业的根本目标是实现人类利益的最大化和对生态环境危害的最小化。

建设生态工业是生态文明的内在要求。为了建设生态工业，我们要综合运用生态规律、经济规律，还有一切有利于工业发展和经济发展的现代科学技术，从而实现协调工业的生态、经济、技术之间的关系，保持生态系统的动态平衡。建设生态工业要实现生态效益、社会效益和经济效益的有机结合，这是生态文明发展的必由之路，是一条可持续的生态工业发展道路。

### （三）生态化科技与生态旅游

1993 年，国际生态旅游协会将"生态旅游"定义为保护生态环境和兼顾人类利益的概念。生态旅游是一种对景区景观保护，是实现景区可持续性发展的道路。

现阶段，人们已经满足了基本的吃穿用度的需求，开始追求精神层次的享受。人们赚来的钱不再只用于吃饭和穿衣的享受，还会用一些高雅的、具有娱乐性的活动满足自己的精神需要。随着工业化和城市化进程的加快，许多的自然景观被破坏，人造景观逐渐代替自然景观成为城市建筑的主流。

人们长期在城市化社会中生活，见惯了人造建筑。不断适应城市的快节奏生活的人们，迫切地想要去大自然中寻求心灵的安慰。过去，人们的环保意识差，直接影响了观光旅游业的发展。一些景区保护生态环境的意识薄弱，为了获得最大的经济效益，忽视了景区的承载能力，在自然景观之上大肆兴建土木，破坏自然风光，对资源进行过度开发，甚至导致了珍贵的濒危动植物的灭亡。在人们这些想法之下，生态环境遭到破坏，取而代之的是人工景观，对当地的生态环境造成不可逆的影响，影响了旅游业的可持续性发展。

我们要转变旅游业的发展结构，将传统的旅游发展模式转化成生态化旅游，实现旅游业的可持续发展。可持续发展是判断旅游业是否具有生态化的基本标准。生态旅游的可持续发展指的是用可持续性的发展方式，发展旅游资源，保证旅游区的经济、社会、生态效益三者的可持续性发展，既实现了现代人的旅游需求，又能满足后代人的旅游需求，是一种可持续的旅游发展规划。所有人都应该对生态旅游业的建设贡献自己的一份力量，在尊重当地文化的基础上，保证生态系统的平稳运转，实现人与自然的和谐相处。生态旅游建设具体表现在生态地居民层次和经济社会层次方面。从生态地居民层次上来看，生态地居民是生态区人口的重要组成部分，也是最了解生态区文化的人。在建造生态旅游业的时候，应该让这些居民直接参与决策和建设，发挥他们的主动性和积极性，不仅能够带动当地就业率的提高，让当地居民获得丰厚的回报，还能够让他们了解旅游业文化，提高他们的素质，开阔他们的眼界。总体来说，生态旅游业的发展可以为当地带来经济效益，不断地为社会注入新的资金力量，促进分配的公平，为当地居民增加就业的机会，实现经济、社会和文化的全面协同进步。

综上所述，生态工业、生态农业和生态旅游的发展都离不开科技的生态化转向，都离不开生态化的科技创新。生态工业、生态农业和生态旅游业的建设如果脱离了生态学的指导，必将走向一个死胡同，也就不可能实现自然与社会的可持续性发展，生态学转向后的理解性和调适性科技就是生态文明建设的重要技术手段。

# 第五章　生态文明建设路径探索

人类进入工业文明后，通过对自然资源的开采和利用创造了巨大的物质财富，推动了物质文明的快速发展；与此同时，也加剧了资源耗竭和生态环境恶化。人类要想突破可持续发展面临的资源和环境的瓶颈，就必须对人与自然的关系重新定位，这就是提出生态文明的根本意义。本章依次分析了生态文化体制建设、生态教育体制建设、生态安全体制建设以及生态补偿体制建设，主要论述生态文明体制建设路径探索、农村和城市生态文明建设路径探索以及生态文明建设深化改革路径探索三部分内容。

## 第一节　生态文明体制建设路径探索

### 一、生态文化的法律政策体系建设

#### （一）陆地生态系统生态文化保护的相关法律、法规

中国自然生态系统资源丰富且种类繁多，涵盖了全球大部分的自然生态系统类型，如森林、灌木丛、草原和草甸、荒漠、高山冻原以及复杂的农田生态系统等。《中华人民共和国环境保护法》的统一约束，无论是对生物多样性的维护还是资源能源的保护都发挥了行之有效的作用，各级地方政府根据本地区的地域特征制定了相关的法律法规和保护制度。2011 年《中华人民共和国非物质文化遗产保护法（草案）》等相关法律法规的出台实施，证明了国家对文化保护和继承发展的良苦用心。近年来，我国逐渐把生态文化发展列入发展必需的行列。《中国生态文化发展纲要（2016—2020 年）》提出："城镇化进程中的文脉传承与创新发展。组织生态文化普查，探索、感悟蕴含在自然山水、植物动物中的生态文化内涵；挖掘、整理蕴藏在典籍史志、民族风情、民俗习惯、人文轶事、工艺美

术、建筑古迹、古树名木中的生态文化；调查带有时代印迹、地域风格和民族特色的生态文化形态，结合生态文化资源调查研究、收集梳理，建立生态文化数据库，分类分级进行抢救性保护和修复，使其成为新时期发展繁荣生态文化的深厚基础。"加强生态文化遗产与生态文化原生地一体保护，对自然遗产和非物质文化遗产、国家考古遗址公园、国家重点文物保护单位、历史文化名城名镇名村、历史文化街区、民族风情小镇等生态文化资源，进行深度挖掘、保护和修复修缮。在具有历史传承和科学价值的生态文化原生地，创建没有围墙的生态博物馆，由当地民众自主管理和保护，从而使其自然生态和自然文化遗产的原真性、完整性得到一体保护，提升保护地民众的文化自信和文化自觉。需要特别关注老少边穷地区、资源匮乏地区、少数民族聚居区和有优良传统的红色革命根据地等有生态特色却发展受限的文化原生地，落实文化惠民、生态补偿和扶贫援助等国家政策，保护原有生态文化根基同时消除发展障碍。

生态文化保护离不开保护生态环境的法律支撑。1978 年，中华人民共和国《宪法》明确规定"国家保护环境和自然资源，防治污染和其他公害"，国家第一次明确将环境保护写入中华人民共和国《宪法》，对今后的生态保护建设工作具有重要的里程碑意义。20 世纪 80 年代开始，我国就环境保护工作出台了多项法律法规，环境保护立法工作进入飞速发展阶段。生态执法队伍仍需进一步加强和完善，要加强生态执法人员的生态文化素养和生态知识储备，提升生态执法部门软实力和硬实力，利用现代科技手段提高执法效率和水平，建设现代化和科学化的执法队伍。

### （二）少数民族地区生态文化保护的相关法律法规

我国的少数民族地区都有着自己的文化体系和生态文化特色，但受地理位置、经济发展水平和受重视程度等多方面因素的影响，少数民族地区的生态文化保护既是总体生态文化保护的重点，同时也是难点，主要表现在：传统文化的历史资料得不到妥善保存，传统技艺和民间手艺逐渐失传，传统祭祀和感恩自然的仪式逐渐变得商业化、失去原有的虔诚与敬畏之意，研究传统文化和关注传统文化的年轻人也在逐渐减少等。少数民族地区传统文化随着经济发展和城市化脚步的加快在日渐消亡，更何况传统生态文化。传统生态文化建立在原有的自然环境基础上和生态背景下，生态系统被破坏，生态文化亦不能幸免，因此，少数民族地区要想发展和传承传统生态文化，就应该先修复和保护生态环境。《中华人民共和国民族区域自治法》里有关于保护各民族地区文化的法规条文，允许各地区针对自己的地方特色制定相关的文化保护政策和管理制度，这体现了国家层面对少数民族地区文化的保护意识，其中还有涉及少数民族地区生态文化和生态传统保护的相关条款。

## 二、生态文化产业的管理体制建设

生态文化产业的发展依靠生态文化的支撑和创新思想的维护，承担了向大众普及生态文明信息和知识的重任。不同于传统文化产业，生态文化产业是包括生态和文化两方面的新型产业类型。生态文化产业是在国家政策指导和市场引导下以提供实物形态的生态文化产品和可参与、可选择的生态文化服务为主的市场化经营的绿色产业。生态文化产业是生态文化体系的重要支撑，大力发展生态文化产业、丰富生态文化产品是生态文化建设的必由之路。

### （一）科学制定生态文化产业发展战略规划

生态城市建设与美丽乡村建设应共同进行。要优化城市与乡村的布局，合理、科学地分配规划和建设工作；要注重整合原有生态自然条件，在传统特有的农村生态文化基础上，进一步发展和扶持生态村、生态农庄和生态家园的建设，倡导绿色生态文化产品的生产和销售；要注重现有国家自然保护区、森林公园和生态旅游区等自然资源的生态保护和生态修复，做好生态旅游定位，引导旅游者和当地居民认识到绿色生态的重要性。生态文化产业作为下一步主要发展的、与经济发展相关的绿色新型产业形式，应注重建立和完善产业发展的体制机制，结合时代发展要求，提出相关绩效评估制度、考核办法和奖惩机制。生态文化产业管理从政府、企业到公民都应该参与并进行监督，这个需要创新的时代，我们应运用科技手段，提升生态文化产业发展效率，并逐渐满足社会对于生态文化产业的需要。生态文化产业作为生态文明建设的经济支柱是发展的重点。

一方面，要建设生态文化产业园区，整合有发展前景的企业集中发展，推动生态文化产业集群化和规模化发展，提升产业的整体竞争力；另一方面，产业园区的建设有利于发挥产业多样性优势，减少生产成本，体现产业凝聚力。生态产业园区的建设为生态文化和生态文化产业提供了展示和交流的机会，集中了众家力量进行科技创新以提升产业核心竞争力，可作为生态旅游项目之一，提升它的知名度和社会影响力。生态文化产业园区建设采用资源整合和减少运输成本的循环经济发展模式。

### （二）政府支持生态文化产业积极发展

政府应加大对生态文化产业的政策扶持，促进生态文化产业又快又好的发展，给我国的市场经济注入新鲜的血液和活力。生态文化产业创新是在原有产业发展的优良传统和稳固根基的基础上，配合政府的政策和经济支持逐渐发展。各级政府应主动承担生态文化产业发展中的指挥引导工作，科学制定发展政策和制度政策，同时落实优惠政策，提升企业生态产业竞争力，努力满足居民对生态文化产品和服务的需求。

### （三）法律推进生态文化产业健康、平稳发展

《中华人民共和国文化产业促进法》于 2014 年进入草拟阶段，至 2015 年 9 月正式启动起草工作。与其他产业领域相比，生态文化产业拥有三重属性，即经济、生态和文化，这就要求在文化产业法律法规的基础上加强对生态因素的考虑。但是，在文化产业法律法规建设的初级阶段仍然存在一些不足。

### （四）以科技推动创新型生态文化产业发展

生态文化产业发展对生态、文化和科技各方面提出了更高的要求。任何新的产业发展都需要科学技术的推动和支持，生态文化产业的创新性，一方面体现在其对生态和文化两方面的高标准，另一方面体现在有大量的科学技术支撑其发展。科学技术在生态文化产业中应用于节能减排、低碳环保的发展要求和该产业对人民群众生态意识的影响。在清洁能源的开发以及可再生能源的生产和运用上，科技不断地把先进的技术融合到生态文化产业中去，完善产业能源结构重组和优化，从而促进生态文化产业更快、更好的发展，在科学技术的辅助下提升产业文化含量和生态化水平，可充分发挥传统文化的基础优势，完善产业在生态保护和绿色生产方面的发展优势。科技拉近了不同产业的距离，最大限度地缩小了产业与文化和生态的差异，打破了生态文化产业发展过程中的局限性，推动了生态文化产

业进步。科技是生态文化产业创新的保障，在"大数据"和"互联网+"的时代，科技把网络技术运用到生产、沟通和监督等多个环节，企业也通过网络连接世界市场，推广生态文化产品和服务，实现采购和销售环节的生态化。

### （五）人才培养助力生态文化产业发展

人才素质的高低决定了一个领域发展水平的优劣。生态文化产业方兴未艾，正处于需要大量高素质人才做支撑的关键时期。在国际竞争激烈的当今社会，生态保护被重视，传统产业纷纷升级转型，正好是用人之际。评价一个产业甚至文化产业是否具有发展前景，往往与该企业的经济价值、企业文化和生态保护意识关系密切。生态人才的引进是为生态文化产业注入活力和新鲜血液，而人才往往也决定了企业的创新能力。生态文化产业发展需要具有专业技能、科研精神和创新能力的复合型人才。国家在生态人才培养上要倾注大量的人力和财政支持，面对一个新兴产业的发展，万事开头难，要最大程度地发挥人才价值，克服发展前期的各种困难，这时期最需要国家的把控和相关人才的建言献策。一方面以人才的知识水平丰富产业发展；另一方面从人文素养方面提升产业的定位，用于完善和优化生态文化产业结构和产业精神。

## 三、生态教育体制建设

学校生态教育是指学校通过对生态知识和生态文化的传播，努力提高学生的生态意识和生态素养，从而达到生态文明塑造的教育。学生生态意识和生态观念的提高是我国整体生态素养提高的关键所在。作为培养高素质人才的场所，学校在开展生态教育中具有不可推卸的主要责任，同时也具有发展生态教育的独特优势。学校的校园文化环境、学术氛围、学校价值观对于学生价值观的发展与塑造有着巨大的影响。学校通过良好的教育环境和系统的教育措施，可以对学生的生态行为和习惯实施有计划的培养，更有利于学生生态意识和生态价值观的形成。生态教育包括正规生态教育和非正规生态教育，从幼儿阶段到成人阶段，需要教育者和受教育者的共同持续参与。教育所要造就的是心智健全、有道德、有情感、能够自立于社会的人，先得成人，然后成才，这才是生态的自然的成才观。我们需要尊重生命、尊重自然进而遵从孩子内心的发展轨迹，顺从"人之初，性本善"的发展规律。

### （一）义务教育阶段的生态教育

教育部 2018 年的工作要点是健全中小学教育装备配备标准和质量标准体系。第一，要开展生态文明教育，推进绿色校园建设，"工欲善其事，必先利其器"，良好的学校环境对学生的生态环境感知和认知有积极作用。充满绿色生机的校园、浓厚的校园文化氛围、绿色温馨的办公环境，都有利于生态教育的实施。第二，要从美化校园环境开始，把生态概念体现在学生日常学习生活的地方。义务教育阶段的生态教育一般不应该把教育场所局限在课堂，应该从自然中来，到自然中去，才能真正深刻体会自然界的奥秘和神奇，才会激发学生保护自然的斗志和责任感。

生态教育要突出教育方式的新颖性和自由度，要求学校在进行生态教育时体现出教育的灵活性和创新性，培养学生在学习过程中的探索和求知精神。生态教育是环境教育和可持续教育的延续和变革，能发挥教育更多的可能性和主动性，使学生能够通过小组学习、活动方案设计、课外活动等自主学习形式发现和思考遇到的生态问题；教师适当地点拨和引导，主要锻炼学生的主动学习和思考能力，有助于学生日常养成生态保护意识习惯。在课程实施过程中，要加强学生与老师、学生与家长、学生与学生之间的互动、互助，以班会和论坛的形式，促进学习、教育过程中的交流。教师间可以相互借鉴有效的生态教育方式，从而提升生态教育效果。

#### 1. 回归自然

生态教育注重"以人为本"的思想，以学生的学习兴趣和学生的未来发展为义务教育阶段生态教育的关注点。生态教育注重解放学生天性，增加学生与自然的亲近机会，提供轻松的学习环境，从而有利于学生提高学习效率，促进学生对知识的吸收。在义务教育阶段，主要注重培养学生的良好学习习惯和学习方法，因此，在生态教育过程中，教师应该注重在生态教育课堂探索创新的教育方法，以回归自然的生态体会作为生态教育课堂中的主要内容。

#### 2. 对生命的思考

义务教育阶段的生态教育在体会人与自然和谐的过程中，应该鼓励学生思考生命的意义。在这段时间中，学生不仅要为今后的学习和发展打下基础，还应当体现生命价值。学生不只是为了未来而生存，教师关注学生当前的生命状态同样重要。生态教育课堂应该关注每一个学生的生命状态，接受教育不只是为了升学和谋生，更是为了人格的完整，为了个人的终身学习以及社会的和谐发展。因此，要关注每一个学生的全面发展，提升每一个学生的精神品质。义务教育阶段对学生素质培养至关重要，是学生生态认知和生态观念打基础的阶段，要让学生充分体会生命的伟大和重要性，在尊重人类生命的同时，尊重大自然的生命。

3. 对可持续发展的认知

生态教育要求学生以可持续发展的眼光和角度去看待人类与自然的共处关系。可持续发展的思想不应该只落实在经济发展上，生态教育中也应该有对可持续发展内容的介绍。义务教育阶段，学生初入课堂，有着对知识的渴望和好奇，而生态教育作为今后学校必须引入的教育类型，更应该在初级阶段为学生做好铺垫。可持续发展作为生态教育的主要观念之一，必须引导学生掌握和接受。

**（二）普通高中阶段的生态教育**

在这一阶段，生态意识塑造的认知目标是使学生认识到生态环境对于人类的重要性，认识当今环境现状以及亟须解决的环境问题，培养学生初步的分析和评价能力，让高中生的行为符合生态文明建设的要求。生态意识塑造的情感目标是培养高中生热爱保护环境、勇于承担保护和改善环境的责任和义务的态度；生态意识塑造的行为目标是促使学生从自己做起，从身边小事做起。学校要积极开展多种形式的以高中生生活为主题的行为习惯养成教育活动，杜绝不良生活习惯和生活方式。学校还可以开设生态知识校园讲堂、优秀生态事迹宣传栏、生态文明先锋宣讲会、绘画书法展览、工艺制作、短剧等活动，培养高中生环保意识的同时，增强其生态道德感和责任感。

普通高中阶段的学生是未来生态文明建设的人才储备和中坚力量，这一阶段的生态教育关系着学生生态素养的形成和生态认知水平的提升。高中生已经具有明辨是非的能力，在义务教育阶段受到的基础性的生态教育已经为高中生形成生态素养做了铺垫。在前期的影响下，大部分高中生按照生态发展轨迹都应该具有生态价值观和生态意识。高中阶段是巩固、纠错和补漏的阶段，生态教育更应注重课堂实践和思考的重要性，学生是课堂的主导者和讲述者，教师是聆听者，当学生表达对生态的认知和分享事例时，教师可以及时纠正一些错误的认识和行为，这样更能加深学生对正确认识和行为的记忆。为了避免这类错误的重复发生，教师应该定期组织学生交流和汇报近期的学习体会，提升学生对生态教育的学习热情和重视程度。与其他课程设置一样，生态教育课程也应该有规定，除了提供必备的生态教育教材，还应该提供专门的教师进行课程辅导。学校可以经常邀请一些生态教育从业者举办讲座，开阔学生未来就业的眼界。现阶段，生态教育作为新兴的教育形式被大多数学生所了解和接受，但是，他们在对于未来职业的设想上并没有足够的认知，高中阶段还应该就生态教育的现状和未来发展对学生进行相关内容的普及，这关系到生态教育人才的培养和知识的传承以及高中生对于大学专业的选择。

### （三）大学及研究生教育阶段的生态教育

从 20 世纪 70 年代我国第一批环境保护相关专业的设立到 20 世纪 90 年代，我国逐步建立起了适合中国国情的环境科学和环境工程教育体系、国家环境保护宣传教育网络。2000 年以来，环境专业教育专业人才的培养得到进一步发展，同时，高校非环境专业的生态教育也得到进一步的发展，培养了具有环境意识的新型人才。高校应把对大学生的生态文化教育放在生态文化建设的首要位置，兼以大学生的自我教育为根本，以社会的影响教育为辅助，来增强大学生的生态文化知识，提高大学生的生态文化意识，明确大学生的生态价值观念，增进大学生的生态文化自觉。

高校十分注重大学生生态文化教育，其目的是通过丰富多彩的生态文化理论和实践知识，提高大学生对生态文化的认同感，使大学生意识到生态文化的重要性，并促使大学生树立正确的生态观和文化观。同时，生态文化教育还有利于激发大学生学习生态文化的兴趣，也有利于大学生积极参与生态文化实践活动，从而将生态文化理论融合到具体的实践活动中。高校生态文化是人与自然、人与社会、人与人之间和谐共存、协调发展的新文化形态。以大学生为主要受众的高校生态文明教育，强调自然、社会和人类三者的协调发展，主要以培养生态情感、强化生态意识和完善生态生活方式为己任，最终树立大学生生态价值观，使其成为具备生态文化素养的人才。

大学生生态教育应包括以下几个方面：生态文化基础知识、生态道德观和绿色生态思想等。高校在培养人才的过程中，肩负着培养大学生生态观和输送生态人才的重任。虽然我国高校生态教育已经取得了不错成果，但是部分学者提出我国大学生生态教育仍存在三方面的主要问题：第一，个别大学对生态教育的关注尚需加强，教育途径需进一步提高针对性；第二，部分大学生对生态教育的配合积极性有待提高；第三，个别大学生态教育资源需要进一步丰富。学校生态教育至关重要，关乎生态人才培养。学校生态教育在实施和发展的道路上仍需不断完善。

具体而言，第一，高校在开展专业课程的基础上，提高对生态文化的意识，并通过生态文化教育提高大学生的生态文化素养；第二，高校应该在注重教师专业发展的基础上，提高教师的生态意识，注重生态教育的师资力量建设；第三，高校不仅要在相关课程中增设生态教育相关内容，还要开设生态教育课程。高校生态教育应该更加注重对与我国经济社会发展相关联的知识储备和技能掌握，使大学生掌握科学的、全面的生态知识，牢固树立保护生态环境、实现经济社会可持续绿色发展的生态意识和生态价值观。

对大学生生态文明观的培养，现阶段需要分为两类：一类针对有生态知识和受过生态教育的大学生，另一类针对有生态知识但暂时没有接触生态教育的大学生。针对大学生的差异化生态教育，应该把重点放在培养大学生生态知识自学能力和生态意识养成两方面。生态教育进大学校园的前提是把生态素养教育纳入高等教育范围内，使大学生能用动态发展的眼光看待人与自然的关系，用生态的思维思考维持生态平衡的重要性，在对大学生进行基础生态理论知识教育的同时，配合大学生进行自我生态知识学习和检索。例如，开设网络教学课堂，借助网络收集相关文献和知识，把生态教育作为课外学习的一部分，使学生在了解和掌握生态知识的基础上，对自己感兴趣的生态话题或者课题进行深入研究，让学生把学习兴趣和学习热情相结合，促使生态文明知识的吸收和生态素养的形成。同时，课外学习要与课堂教学相互融合，从师资、创新自主教育、教育模式多样化和知识获取灵活性提升等多方面建立健全高校的生态教育机制，完善生态教育制度，构建生态教育模式，真正将生态教育落到实处。

生态教育在高校不仅体现在课堂上和网络上，也应加入实践中。高校要鼓励学生多参加环境保护、资源节约和绿色消费等方面的志愿者活动，把所学到的知识运用到实际生活中，并把知识和绿色生活技巧普及给更多的公民，引起社会的关注并得到认同。在活动中，大学生要发现生态问题、披露生态陋习，从而吸引更多的人关注和认知生态恶化带给人类的严重后果。大学生在形成生态忧患意识的同时，带动社会公众树立生态责任感，规范和反省自身生态意识和行为的不足，最终形成人与自然和谐相处的绿色生态价值观。

# 第二节　农村和城市生态文明建设路径探索

中国农村生态文明建设能否达到预期目标，直接影响着全国生态文明建设的成败。

瑞典经济学家缪尔达尔认为，从长远来看，农业部门是决定经济发展成功与否的关键。截至 2021 年，我国仍有 5 亿多农业人口。尽管农业占国民经济的比重持续下降，但在相当长的时间内，其在国民经济中的基础地位仍无可动摇，农民也仍将是社会的主体阶层。农村问题是中国向生态文明社会转型的掣肘点，相较于城市，农村生态文明建设的紧迫性更强，问题更复杂，任务更艰巨。

## 一、农村生态文明建设的战略对策

### 1. 优化生存环境

2015 年中共中央政治局审议通过的《生态文明体制改革总体方案》，特别强调要大力加强农村生态环境治理，全面提升农民的生活品质。在现阶段，恢复和改善农村生态环境需要从以下几方面入手：第一，建立健全农村环境治理体制、机制和法制，加大农村治污设施建设的资金投入，加快制定和完善相关技术标准和规范；第二，进一步贯彻城乡统筹战略，树立城乡生态共同体理念，并形成合力；第三，完善农村环境保护管理制度，严格监管污染排放行为，鼓励农民监督、举报破坏生态和污染环境的行为。

### 2. 健全基础设施

强化工业反哺农业、城市反哺农村的力度，加大农村基础设施建设的步伐。第一，坚持规划先行，科学规划农村基础设施建设。第二，通过三个渠道筹集资金，一是政府财政继续向农村倾斜，二是充分利用银行信贷，三是积极引进社会资金。第三，完善农村基础设施建设和管理机制，高效使用建设资金，科学安排建设项目，保证基础设施的实效性，确保投资效益最大化。

3. 发展生态农业

生态农业是在传统农业基础上，按照生态学和经济学原理，将现代科技与传统农业经验相结合建立的兼顾经济效益、社会效益和生态效益的现代化高效农业。生态农业具有以下几大优势：第一，生态环境得到保护，减少或拒绝施用化肥、农药，采用生态农业技术和管理模式，一般可以降低大部分的农药和一半左右的化肥使用量，但作物产量没有显著下降。第二，多样化种植，提高单位面积产出。生态农业借助种养结合、间作套种和立体种植等技术，可大大提高单位土地面积的产出。一般而言，种植的作物品种越多样，生态系统的抗干扰能力就越强。多种作物种植也有利于降低单一市场价格波动的风险，有利于农民收入的稳步增长。第三，以生态农业为基础，促进第二产业和第三产业协同发展。生态农业发展可促进农、林、牧、渔业的综合发展，对于城市人群有很强的吸引力，容易带动生态农业观光旅游和休闲养老产业的发展，促进城乡一体化，吸引农村青壮年回乡就业和创业，从而为农村带来发展的活力，形成新的经济增长点。

4. 农村生态文明建设的实践探索——广西模式

如何在山区尤其在浅山区进行农业开发，是我国广大农村未来发展的一个重点领域和重大难题，有必要借助生态文明建设的契机进行深入研究。近年来，广西壮族自治区在山区和浅山区强力推行生态农业，取得了"四两拨千斤"的卓越成效，依靠自身努力在八桂大地上开辟出了一条独具特色、魅力四射的"智慧兴农"之路。

广西山川秀美，但山多地少、人多田少，自古人地矛盾异常突出。广西素有"八山一水一分田"之说，部分喀斯特地貌区完全不能进行农业种植，宜耕土地仅有一小部分，而且随着人口规模逐年增大，加之城市扩张、产业发展、道路建设等不断占用耕地，传统耕作空间日益狭小。同时，广西地处云贵高原南端，气候复杂多变，自然灾害频发。面对不利的自然条件和社会现实，近年来广西农业发展却异军突起，创造了不少令世人瞩目的奇迹。

袁隆平曾说，广西独特的高海拔"冷凉"气候是广西发展特色农业的一大优势。始于1983年的广西生态农业经过三十多年的发展，包括推广应用间作套种技术、"三免"和"三避"技术、桑蚕综合利用等新技术模式，"智慧兴农"的理念已渗透全区众多农业技术环节，形成了一系列高效、优质的农业技术模式。其主要特征体现在以下几个方面：

一是本土性。广西生态农业技术的初始形态大都来自民间，是对本土农民传统农业智慧的完善和升华，易于推广。

二是易操作。广西生态农业利用普通的农业生态技术原理，简单易懂，操作便利，所有的技术模式都能以低廉的成本创造出超常的综合效益。

三是双赢。广西生态农业技术的核心优势是：在获取可观的经济、社会效益的同时，不仅未对生态系统造成损伤，同时许多技术模式还有利于生态保育和恢复。

四是创新性。广西生态农业因地制宜，所创造的生态农业模式都具有广阔的发展前景，仅"猪＋沼＋果"这一"三位一体"模式就衍生出几十种新的技术模式。

五是产业化。在广西壮族自治区农业农村厅和各级地方政府的引领和指导下，广西生态农业不断与上、下游产业结合形成产业链条，显著提高了农业生产效率，增加了农产品的附加值。

## 二、城市生态文明建设路径探索

有人将工业化和城镇化比喻为经济发展和社会进步的双引擎。改革开放以来，我国城镇化一改之前发展十分缓慢的态势，出现了世界上前所未有的城镇化浪潮，形成了京津冀、长三角、珠三角三大城市群，以及以沈阳、青岛、郑州、武汉、西安、成都、福州等大城市为中心的区域性城市群。在县域经济不断壮大的支撑下，全国的小城镇建设也取得了长足进展。如今，我国以大城市为中心，中小城镇星罗棋布、群星拱月的城镇体系格局业已形成。

### （一）强化生态服务功能

强化城市生态服务功能，构建生态化、田园式的宜居城市，必须信守以下原则：维护整体自然山水格局的连续性，保护和建立多样化的乡土生态环境系统，维护和恢复水系河道的自然形态，保护和恢复湿地系统，建设具有雨洪调蓄功能的绿地，建立乡土文化遗产保护系统，建立开放空间系统与休闲体验网络。具体做法包括如下三方面：

1. 优化城市生态系统，营造健康的人居环境

城市绿化尽量采用本地物种，审慎选择既不对当地物种造成入侵危害，有良

好生态适应性的外来物种。此外，优化城市生态系统包括调整空间布局，建设绿色园区，发展绿色建筑，营造城市森林，增加河流、湖泊等"蓝色斑块"，丰富生物多样性和景观异质性。

2. 开展"海绵城市"建设，大力发展雨水回灌利用工程

建设"海绵城市"是缓解城市和区域地下水位下降、化解城市雨洪灾害的有效举措。世界许多国家都在"海绵城市"建设方面取得了良好成效。例如，德国开发了规模化、系列性的雨水利用技术并制定了相关标准，如屋顶雨水的收集、截污、调蓄、过滤、提升、回用和控制都有一系列定型产品和组装式成套设备。美国的雨水利用以提高入渗为主，为此兴建了地表回灌系统和地下蓄水系统。美国的科罗拉多、佛罗里达和宾夕法尼亚州还制定了法律法规，规定新开发地块的雨水径流量不能超过开发前的水平，强制新开发区收集雨水。

3. 进行城市河道生态化改造，恢复河流的生态结构和功能

摒弃"三面光"式的河道整治模式，将堤岸绿化、植被护坡和水质改善有机结合起来，修筑适宜水生动植物生长的自然河道形态。许多城市纷纷对河道进行裁弯取直，违背了其蜿蜒曲折的自然属性。生态化的河道改造主张根据河道走势构建多变的河底线、河坡线，并在有条件的河段营造叠水、湿地和沙洲，以增加河道动感，为水生生物提供生存空间。在河流两岸随处可见的碟形洼地和坑塘堰坝等地带，可以营建湿地或滨水景观。

## （二）拓展和优化城市空间

城市建设用地的扩张使得城市及周边地区的土地利用方式发生了显著变化，人口膨胀加重了城市环境污染，也加剧了资源和公共服务的供给压力，既有规划已经不能满足当前城市发展的需求。鉴于此，我们选择浅山战略、城市风道和均衡型城镇化的发展案例，为城市选址、内部规划和区域均衡发展提供新思路。

1. 探索浅山战略

我国古代先民在城市选址方面甚为讲究，经验丰富，体现出他们具有科学的智慧和不凡的境界。以太行山东麓城市带的分布为例，由于先秦时代黄河无堤，曾长期在太行山东麓，即今京广铁路沿线的山前地带漫流，黄淮海平原便主要由黄河和众多出山河流冲积而成，白洋淀、东平湖、南四湖、巨野泽、菏泽等上古

水系的孑遗也与黄河泛滥有关。为了避免黄泛灾害，古代先民特别规避在华北平原平坦低洼之处建城，将目光集中在太行山冲积扇与黄淮海平原的接合部，以在山前平原和浅山地貌地区建城为主。自北而南线状分布的北京、保定、石家庄、邢台、邯郸、安阳、新乡、鹤壁等城市存在并持续繁荣的原因有二：一是都位于二级阶梯向三级阶梯的过渡带，地形、地貌条件使其能够有效地避免洪水袭击；二是城市所在区域景观异质性强，平原、山地、丘陵、河湖等斑块相间分布，有利于早期人类多元的生产方式和生活方式。这一例证堪称古代先民顺应自然、利用自然的智慧结晶。

现在人类改造自然的能力大大增强，但自然条件仍是进行城市选址和规划必须重视的因素。我国当代城市多分布于东南沿海地区，山区往往被列为限制开发的地带。根据国内外学者的研究，浅山区是山地和平原的过渡性地带，与高山相比具有海拔低、空气好、可达性强、自然灾害较少等优点。因此，无论从少占平地还是宜居性看，浅山区都可作为未来城镇化发展的备选之地。针对我国浅山区存在已久的无序开发状态，应在明确土地利用性质和开发强度的前提下，本着保护优先的原则，适度释放部分适宜开发的浅山地带作为城市建设用地，变被动的盲目开发为主动的科学利用，以求达到既节约耕地，又缓解城市土地供需的尖锐矛盾的目的。

### 2. 恢复城市风道

为破解城市灰霾之害，除了努力控制污染源之外，让污染物通过自然风的作用自行扩散，不失为既经济又有效的办法。陆地生态系统由景观基模、景观镶嵌块和景观廊道三部分组成。我国城市高楼遍布，往往占用了景观廊道，从而阻挡了自然风的流动，使污染物在城市上空和楼宇之间长时间飘移和滞留。

上海、杭州、南京等地已开始联手研究城市风道，试图通过恢复和营建城市景观廊道，引风入城吹袭大气污染物，借此提高城市空气质量。城市风道规划已不乏成功之例，如武汉市内的六条生态走廊最窄处两三千米，最宽处十余千米，与长江天然风廊一起组成主导风道，可使武汉夏季的最高温度平均下降1℃～2℃。上海在规划建设浦东新区时也特意建设了二百五十米宽的世纪大道作为"风走廊"。值得注意的是，风道规划需要结合当地实际进行科学论证，既要起到通风效果，又尽量不影响下风向城区的空气质量。

### 3. 推进均衡型城镇化

均衡型城镇化要求在城镇化过程中，基础设施和公共资源最大限度地满足居民需求，且尽可能减少冗余。不同城市在满足自身发展需求的同时，还力求实现资源和技术共享，最终使不同地域、不同级别的城市居民保持相似的生活水平。均衡型城镇化属于共赢模式，可以让不同城镇的居民在享受既有福祉的同时分享更多的便利，达到 1+1>2 的效果。

我国推进均衡型城镇化的重点工作包括三方面：第一，以生态承载力为基准，在城市规划中设置发展的规模、总量和强度上限，在上限阈值的约束下对发展模式进行优化和调控。第二，借助城市群建设实现大城市与周边城市的"同城化"，通过疏散大城市的非核心功能对其进行"瘦身"，促使各种产业、各类资源、各阶层人口向周边分流；周边城市应力求与中心城市功能互补，并满足人口转移带来的住房、教育、医疗等基础公共服务的需求。第三，中小城市需创造条件迎接中心城市的产业和人口转移，提高专业化和集聚化水平，最终形成区域性特色产业集群，发挥中小城市作为"二传手"对中心城市的支撑作用和对广大农村地区的拉动作用。同时，中小城市还应同步完善创业扶持与就业培训体系，增加就业机会，尽快实现农村务工人员市民化，以吸引赴外地打工人员回流。

### （三）将历史文脉视为城市灵魂

刘易斯·芒福德曾说过："如果说在过去许多世代里，一些名都大邑，如巴比伦、雅典、巴格达、北京、巴黎和伦敦，都曾经成功地主导过他们各自国家民族历史的话，那首先是因为这些大都城都始终能够成功地代表各自的民族历史文化，并将其绝大部分流传给后世。"[①] 可见，城市存在的意义不仅仅是作为区域社会经济发展的增长极，还承载着彰显和传承历史文化的重任。

生态文明理念指导下的城市建设应高度重视对历史文脉的保护和传承。将历史元素融入城市并非对个别文物景点采取"纪念碑"式的保护，更不是盲目发展仿古建筑，而应该是在尊重历史文化的基础上，吸收我国古代山水城市规划的思想精髓及其科学合理的设计理念和建筑工艺，依托各地自然环境，塑造人与自然和谐、具有深厚文化底蕴的城市特色，避免重外观而轻内涵的造城运动。

---

① 唐纳德·米勒. 刘易斯·芒福德读本 [M]. 宋俊岭，宋一然，译. 上海：上海三联书店，2016.

## （四）促进绿色消费

除了恢复城市自然风貌，增加城市的生态服务功能之外，城市生态文明建设还应充分融入人们的日常工作和生活，这是巩固建设成果、规避"反弹效应"的关键性环节，决定着生态文明建设的成败。

### 1. 提倡绿色办公方式

政府部门及企事业单位应将绿色采购作为一项硬性规定，率先杜绝使用非节能环保型建材和办公用品；严格执行限制公车的政策规定，严查变相多占办公场地的行为；逐步推广网络会议等绿色办公方式，尽可能地减少纸张利用；带头养成节水、节电、惜物、省材等习惯，为公众起到表率作用。

### 2. 增加绿色产品及服务供给，强化企业的社会责任

鼓励企业加大对绿色产品研发、设计和制造的投入，做好绿色技术储备；鼓励批发市场、大型商业综合体等消费场所进行节能、节水改造；积极利用"互联网＋"模式销售绿色产品，并对网购商品包装物进行减量化和再利用；健全生产者责任延伸制，推动实施企业产品标准自我声明公开和监督制度。

### 3. 推行环境友好型生活方式

从节水节电、垃圾分类、减少奢侈消费等看似日常生活中的小事，到使用节能环保型家电产品、选择绿色住宅等绿色生活方式，都需要广大大众转变观念，主动践行。

### 4. 倡导绿色出行方式

环境友好且方便、快捷的公共交通设施是城市出行的重要保障，因此各地应大力发展公共交通，设计城市自行车交通系统，鼓励低碳出行。此外，政府部门应率先采用小排量环保型汽车作为公务用车，并在全社会大力推广"油—电"混合动力、"电—气"混合动力和纯电动等环保型机动车。

## （五）优化产业结构

工业文明导致了资源耗竭、环境污染、贫富分化三大危机，激化了人类无限的发展需求与自然环境有限的供给和消纳能力之间的矛盾，也加剧了人类对公平分配财富的追求和工业社会无法予以实现之间的矛盾。生态文明转型期的首要任务就是走绿色发展，特别是绿色经济发展之路，摒弃工业革命以利益为目标的传

统发展观，力求实现经济效益、社会效益、生态效益的"三效并重"，逐步缩小贫富差距，最终实现经济的健康、稳步增长。

经济模式转变重在产业结构转型，应通过技术革新、产业布局调整等方式优化传统产业，加快培育以生态保育为重点的"第零产业"和专门从事废弃物资源化和无害化的"第四产业"，形成新型的五次产业体系结构，促进社会生产力和环境生产力的共同发展。

### （六）城市生态文明建设的实践探索——贵阳模式

#### 1. 建设背景

贵州省地处中国西南边地，乃众多少数民族世居之地，社会发展滞后，历史上曾有"地无三尺平、天无三日晴、人无三分银"之说。其省会贵阳处在黔中丘陵中部的长江与珠江分水岭地带，是一座不沿海、不沿江、不沿边的城市。贵阳是我国首个国家森林城市和循环经济试点城市，被誉为"生态文明第一城"。

20世纪后半叶，贵阳主要依靠采掘和初加工磷、煤、铝等不可再生资源拉动经济，这样的产业体系极易导致环境污染。在20世纪90年代，贵阳曾被视为全国三个酸雨污染最严重的城市之一，甚至被列为世界十大空气污染城市。为了扭转这一局面，21世纪之初，贵阳决心转变经济发展方式，开启了新的发展征程。

#### 2. 发展历程

2002年，贵阳在全国较早提出"环境立市"战略，先后实施了绿色工程、蓝天工程、碧水工程等一系列全市范围内的生态建设工程，并因此被当时的国家环保总局确认为全国首个"循环经济试点城市"。2004年底，贵阳提出以发展"循环经济"为重点，建设生态经济市的战略定位。这些举措为贵阳开展生态文明建设奠定了良好的基础。

在中国共产党第十七次全国代表大会提出将生态文明纳入新时期国家重点战略伊始，中共贵州省委宣传部就开办了"生态文明大讲堂"，邀请多名学者对全省厅局级以上领导干部进行专题培训。与此同时，2008年1月3日，《中共贵阳市委关于建设生态文明城市的决定》发布；当月11日，贵阳市各大媒体在显著位置刊登了《贵阳市建设生态文明城市责任分解表》，每项任务的责任人均为市党政主要领导、市委常委和副市长，明确了各自的具体目标和完成时限；2010年3月1日，全国第一部促进生态文明建设的地方性法规——《贵阳市促进生态文明建设城市条例》正式施行，区域限批制度、舆论监督、生态指标一票否决制等规定被写入这部地方性法规。2012年1月，《国务院关于进一步促进贵州经济社会又好又快发展的若干意见》（国发〔2012〕2号）明确提出"把贵阳市建设成为全国生态文明市"。

3. 成功经验

经过多年的探索和实践，贵阳市的生态文明建设初步形成了具有鲜明特色的"贵阳模式"。贵阳市委、市政府提出生态文明城市建设着重从以下几个方面入手：贯穿生态文明理念，做好生态文明城市规划；加强基础设施建设，完善生态文明城市功能；发挥比较优势，做大、做强生态产业；实施四大治理工程，加强生态环境建设；实施"六有"（学有所教、劳有所得、病有所医、老有所养、住有所居、居有所安）民生行动计划，提升城乡居民生活满意度；弘扬生态文化，培育城市精神；创新机制，为建设生态文明城市提供有力保障；建立责任体系，强力推进生态文明城市建设。

在上述内容中，产业结构调整和生态治理等措施在我国其他城市已普遍采用，而最能突出贵阳特点并值得其他城市借鉴的经验有如下几点：

（1）将生态文明理念融入各类城市规划中

科学的规划是城市健康发展的前提，贵阳的各专项发展规划都充分融入了生态文明理念，在很大程度上消除了以往城市规划中重经济轻环境的倾向。2008年出版的《贵阳市生态功能区划》一书将国土空间划分为优化开发区、重点开发区、限制开发区和禁止开发区，各功能区严格按照功能定位确定相应的发展方略和产业结构。《贵阳市城市总体规划（2011—2020年）》将生态文明理念贯穿总体规划、分区规划、控制性详规、修建性详规、城市设计等多个层级的规划。

（2）创新体制、机制，健全法制

贵阳市于2012年组建了全国首个生态文明建设委员会，作为市政府组成部门，排名仅次于市发展和改革委，负责全市生态文明建设的统筹规划、组织协调和督促检查等工作。这一举措体现出贵阳市在生态文明建设的体制和机制改革方面的开拓性创新。

2015年1月1日我国开始实施新修订的《中华人民共和国环境保护法》，赋予县级以上环境保护主管部门对违规排污企业采取限制生产、停产整治等措施的权利；情节严重的，报经政府批准，责令其停业或关闭。而贵阳市在此8年前就作出了类似尝试：为了解决涉及不同行政区域、不同隶属关系的环境污染难以被起诉的问题，2007年成立了全国第一家环保审判庭、环保法庭，统一司法管辖权，只要有人起诉，"两庭"就可以审理并执行；2012年，成立了市检察院生态保护监察局、市公安局生态保护分局，至此贵阳市的生态文明建设就有了完整的立法、司法和行政体系。

（3）全面普及生态文化

2008年秋季中小学开学之际，贵阳市教育局组织编写的《贵阳市生态文明城市建设读本》地方教材被纳入基础教育地方课程，生态文明理念正式走进贵阳市小学、初中和高中课堂，这在全国也属首创。2009年，由全国政协人口资源环境委员会、北京大学、贵阳市委市政府共同主办的"2009生态文明贵阳会议"在贵阳市举行，经过连续数年的发展，该会议于2013年1月经党中央、国务院同意、外交部批准，升级为"生态文明贵阳国际论坛"。这是我国继博鳌亚洲论坛之后，又一个大型国家级论坛。

《贵阳市生态文明城市建设读本》和"生态文明贵阳国际论坛"标志着生态文明理念和生态文化是贵阳市政府和学界关注的问题，开始渗入全市经济、政治、文化、社会的各方面和全过程，在国内、国际发挥重要的引领性作用。

城市是人类走向文明的标志，承载着厚重的文化和历史。改革开放以来的快速城镇化过程中，我国城市的社会经济虽取得了长足的发展。在生态文明建设的初级阶段，所有城市都应该将普及生态文化和传承历史文脉作为一项引领性任务，以此优化、调整现有规划思路，培育绿色消费方式，构建新型产业结构。

# 第三节　生态文明建设深化改革路径探索

## 一、构建环境友好的资源开发模式

构建环境友好的资源开发模式，提高资源产出率，改善自然资源利用效益，发展循环经济，促进资源循环利用是自然资源开发利用领域的改革路径。以各类矿山（含海上油田等）为代表的自然资源是人类生产生活的起点。绿色矿山建设覆盖矿产资源开发全过程，通过土地复垦、尾矿综合利用和生态环境修复治理等，可以构建环境友好的资源开发模式；加工利用环节，可以通过加强科技创新、技术进步实现资源的高效利用，提高资源产出率；在路径末端，通过加强资源回收利用，可以发展循环经济，实现自然资源利用的最大化。改革路径以构建节约高效、环境友好的资源开发利用模式为核心，涵盖了从资源开发到高效利用资源、再到循环利用资源的全过程。

**（一）推进绿色矿山建设**

绿色矿山是指在矿产资源开发全过程中，实施科学、有序开采，对矿区及周边生态环境扰动控制在可控制范围内，实现环境生态化、开采方式科学化、资源利用高效化、管理信息数字化和矿区社区和谐化。在绿色矿山建设过程中，以下环节非常关键：

1. 土地复垦

矿山开采企业应将土地复垦纳入矿山日常生产和管理，提倡采用采（选）矿—排土（尾）—造地—复垦一体化技术。矿山土地复垦应做可垦性试验，采取最合理的方式进行复垦。在对矿山进行开发生产时，可以采取一些有效的复垦措施，如覆盖和种植植物，并且稳定化处理矸石山、尾矿库以及废石场等一些永久性坡面，预防滑坡和水土流失的现象产生。

2. 尾矿综合利用

回收有价元素、制备新型建材或道路材料、用于充填采空区、制备矿物复合肥料和土壤改良剂、开展地质生态复垦、恢复绿水青山等已成为尾矿综合利用的主要途径。国外的尾矿治理更倾向于环境保护，而我国则更侧重于对尾矿的消耗。

3. 生态环境恢复治理

应该根据治理区可能产生的矿山地质灾害类型、规模和稳定性，并结合治理区的工程地质条件、危害对象、周围环境和施工条件，本着技术可行、经济合理的原则，选用适宜的治理措施并结合必要的监测措施，进行综合治理。同时，应该加强对水土流失的治理，减少坡面径流量，减缓径流速度，提高土壤吸水能力和坡面抗冲能力，并尽可能抬高侵蚀基准面。

在工业文明转向生态文明时代的背景下，绿色矿山建设是实现矿业高质量发展的重要途径和必然要求，也是我国实现由矿业大国向矿业强国转变的必由之路。绿色矿山不是单纯的矿区绿化或者复绿，而是要求体现矿山全生命周期的"资源、环境、经济、社会"综合效益最优化。从矿区环境看，要布局合理、干净整洁、美化绿化；从矿产资源看，按照减量化、资源化、再利用的原则，综合开发利用伴生资源、固体废弃物、废水等，发展循环经济，做到少投入、多产出、少排放，最终做到资源节约集约利用、环境友好。

### （二）提高资源产出率

资源产出率是指消耗一次资源（包括煤、石油、铁矿石、有色金属稀土矿、磷矿、石灰石、沙石等），所产生的国内生产总值，指标越高则利用自然资源产生的效益越好。我国需要增强科技创新能力，构建畅通的体制机制，集聚科技创新动力，提高科技创新要素配置效率，促进科技创新成果转化。当前影响科技创新的障碍包括：第一，各大学及研究机构缺乏明确的科研分工和指向，研究内容的同质化现象较为突出；第二，科技创新的法律法规尚未形成体系；第三，高校、科研院所现行的科研成果评价考核体系不利于应用型成果的研发和转化。为了突破障碍，健全的法律法规体系和层次清晰的政策体系是理顺科技创新体制机制的关键。

### （三）加快循环经济发展

2013 年，国务院印发了我国制订的第一部循环经济发展规划《循环经济发展战略及近期行动计划》。我国逐步进入工业化时代，资源再回收利用问题已经成为社会上的重要问题。但是，由于目前我国分类回收能力欠缺，大部分废旧物资得不到充分利用，必须规范再生资源的供销机制，建立系统、合理的回收系统，提高废旧物的回收率，进而提高资源利用率。

此外，做好再生资源的回收利用，有助于缓解我国资源短缺的问题。为此，必须加强对法规的贯彻落实，完善废旧物资回收利用的政策体系；充分调动企业开展废旧物资回收利用的积极性；加强技术创新，提升废旧物资回收利用的技术水平；培养专门人才对废旧物资回收技术进行研究，大力发展废旧物资回收产品；加大宣传力度，增加节约意识，利用互联网、自媒体、电视等宣传工具，采用多种形式开展有针对性的宣传活动，增强人们的资源忧患意识和节约意识。

### （四）强化资源市场化配置

自然资源和自然资源资产在概念上存在差别：只有可控制、可计量的自然资源才能成为自然资源资产，自然资源资产是可产权化的自然资源，两者范围不同。不是所有的自然资源都可以按照自然资源资产管理，如自然界的风、雨、雷、电是自然现象也是自然资源，但都不能按自然资源资产管理。

从管理体制上来看，自然资源"生产要素"的发挥是矛盾产生的主要原因，只有处理好自然资源"生产要素"的作用和功能发挥，才能从根本上解决"开发"和"保护"的矛盾。自然资源作为"生产要素"涉及资源配置过程和资源利用过程，这两个过程依托在自然资源这一物质之上，但可以分离运行，相辅相成，共同成就自然资源的最有效利用。资源资产的配置过程和利用过程可以分离运行，源于自然资源资产所具有的用益物权的特性。利用资源的过程形成了利用制度，配置资源过程形成了配置制度，利用制度是配置制度的前提和基础，配置制度是促进利用制度优化的手段和形式，两种制度相互依存、互为条件。把自然资源管理分成两大制度，是为了更好地明确制度设计目标和内容，使自然资源管理制度的设计更为完善，也使得资源产权流转和资源利用行驶在法治的轨道上，既流转顺畅，又保护有力。

## 二、优化能源结构

优化能源结构，从供应端减少生态环境破坏，从消费端降低排放，是能源环境领域的改革路径，也是事关生态文明建设大局的重中之重。要调整优化能源结构，控制能源消费总量，降低煤炭消费量，开展煤炭清洁、高效利用，提高清洁能源消费比例，充分发挥能源结构优化对环境改善的源头作用；要减少矿山开采，拓宽能源进口渠道，从供给端减少对生态环境的破坏；要推进电能替代、煤炭消费减量替代，从消费端降低污染物和温室气体排放。改革路径要以能源—环境为主线，在优化能源结构的同时，从能源供给端、消费端双向发力，改善生态环境，促进经济可持续发展。

### （一）提高非化石能源占比

在推进生态环境保护过程中，必须坚定不移地进行能源结构优化，降低煤炭等高碳能源比重，提高非化石能源占比。

### 1.大力降低煤炭消费比重

中国的大气污染与长期以来以煤炭为主的能源结构有很大关系，这种能源结构虽然支撑了中国经济的高速发展，但也破坏了生态环境。因此，减煤控煤、净化空气是重中之重。同时，中国富煤、缺油、少气的能源结构决定了减少煤炭消耗将是一项长期而艰苦的工作，但考虑高碳能源的环境污染以及新能源技术的发展，减少煤炭消费占比仍是今后一段时间我国能源消费结构调整的主要工作之一。目前，煤炭支撑生产了全国大部分的电力、钢铁和水泥生产，开展技术创新、减少煤炭占比、煤炭清洁化利用是减少煤炭对生态造成负面影响的举措之一。

### 2.合理调整天然气消费比重

天然气是比煤炭清洁的化石能源，能源结构的调整不仅包括提高非化石能源的比重，也包括在化石能源中，由对生态破坏较大的煤炭，向对生态影响相对较小的天然气的调整。"煤改气"工程是国家治理环境，保护人民群众身体健康的重大举措，治理散煤燃烧是关键环节。但是，"煤改气"工作应综合考虑实际存储量等各方面因素，积极开发国内天然气资源，扩大进口渠道，加快天然气管网建设，增强储备能力。

### 3.形成支持清洁能源发展的长效机制

我国已经形成了完善的太阳能、风电发展补贴政策，在电源建设、清洁能源上网等方面积累了丰富经验，并建设了若干风电发展示范基地和太阳能"领跑者"项目，但在此过程中也出现了不少问题。如何合理确定清洁能源发展规划，协调清洁能源与电网发展，适时调整清洁能源发电补贴与上网电价，成为目前清洁能源发展过程中面临的重要课题。未来需要从国家能源发展消费全局出发，做好如下工作：稳定、有序地建立清洁能源补贴退坡制度，在保持清洁能源稳定发展的同时，避免骗补问题的发生；坚持政策激励与市场机制相结合，制定激励政策的同时，重点支持技术研发和市场开发，做好长期技术储备；做好市场需求预测，有序开发新能源，避免资源浪费；制定电价和费用分摊政策，制定和完善可再生能源发电项目的上网电价，并根据可再生能源开发利用技术的发展适时调整；推动电力市场建设，培育持续稳定增长的可再生能源市场，促进可再生能源的开发利用，确保可再生能源中长期发展规划目标的实现。

### 4.大力发展储能产业

由于清洁能源的间歇性、季节性和地域分布特征，对电网运营提出了巨大挑战。抽水蓄能和储能设施的发展是清洁能源能否成长为主体能源的主要影响因素之一。2017年，国家发展改革委等五部门联合发布《关于促进储能技术与产业发展的指导意见》，以推动储能技术发展。储能产业的发展必须与电力体制改革相结合，要加强电改与储能发展市场机制的协同对接，推动储能在市场化运营中不断自我完善、自我提升，保证产业发展的竞争力和活力。随着我国能源结构调整和能源转型工作的推进、电力体制改革的深化、可再生能源的大规模利用以及能源互联网和新能源汽车产业的发展，储能技术将迎来广阔的发展空间。作为新兴技术，储能在商业化道路上仍需解决提高技术性能、建设成本较高、应用和盈利模式不清晰等问题。

### （二）从供应端减少生态环境破坏

#### 1.不断提高油品质量

2015年开始车用汽油、柴油实施国家第四阶段机动车排放标准。2017年开始车用汽油、柴油实施国家第五阶段机动车排放标准，2019年开始供应国家第六阶段的车用汽油、柴油。随着汽油、柴油标准的不断提高，降低原来汽油中硫含量指标、锰含量指标、烯烃含量指标，可有效控制二氧化硫、氮氧化合物、一氧化碳颗粒物排放，从而大幅度降低汽车尾气所带来的PM2.5排放。

#### 2.增进能源国际合作

通过合理扩大进口，降低国内开采，在保障我国能源安全的同时，减少开采对生态环境的破坏，增强国际能源合作。我们应将眼光聚焦于基础设施建设和能源技术合作，只有基础设施完善了，各国共识提高了，才能真正推进沿线能源优化配置。

### （三）从消费端降低排放

2018年7月，国务院正式印发《打赢蓝天保卫战三年行动计划》，强调源头防治、标本兼治，以京津冀及周边地区、长三角地区、汾渭平原等区域为重点，持续开展大气污染防治行动。

#### 1.提高能源使用效率

提高能源特别是化石能源使用效率，是降低排放的重要手段之一。中国经过多年高速发展，已步入向高质量发展转变的阶段，高耗能行业整体增速回落，新兴产业崛起，各行业内部淘汰落后产能，促进能效提升，两者共同作用，推进中国能效显著提高。2005 年以来，虽然能源强度呈持续降低的趋势，但还应看到，我国仍然存在相当可观的节能潜力，而技术进步是推进节能潜力进一步释放的关键。首先，应对现有技术、工艺、生产过程和管理的改进。其次，应进行技术创新，进一步鼓励技术研发推进节能增效，充分利用物联网、人工智能等新兴技术，充分发挥节能服务公司为中国能效市场主体提升能效的重要作用。

2. 不断提高减排技术

由于新能源具有间歇性、受自然条件影响大，而天然气发电成本高，以煤电为主的供电结构在短期内仍难以改变。现在看来，"摒弃煤炭以减少雾霾，乃至解决气候变化问题"仍不切实际。当前阶段，开发清洁煤技术比彻底摒弃煤炭更具操作性。

3. 推广电能替代

电能具有清洁、安全、便捷等优势，实施电能替代对于推动能源消费革命、落实国家能源战略、促进能源清洁化发展意义重大。电能替代的电量主要来自可再生能源发电以及部分超低排放煤电机组，无论是可再生能源对煤炭的替代，还是超低排放煤电机组集中燃煤对分散燃煤的替代，都将对提高清洁能源消费比重、减少大气污染物排放作出重要贡献。2016 年，国家发展改革委联合八部委印发了《关于推进电能替代的指导意见》。该项政策旨在减少散烧煤和汽车、飞机辅助动力装置、靠港船舶等使用的燃油。

4. 加快全国碳市场建设

2016 年 1 月，国家发展改革委印发《关于切实做好全国碳排放权交易市场启动重点工作的通知》。2017 年 12 月，国家发展和改革委员会印发《关于印发全国碳排放权交易市场建设方案（发电行业）》，标志着我国碳排放交易体系的正式启动。按照要求，年排放超过二点六万吨二氧化碳当量，相当于综合能耗一万吨标准煤左右的企业将被纳入全国碳市场。其中，涉及电力企业一千七百余家，碳排放总量三十多亿吨。我国碳市场建设将采取"三步走"方式，以发电行业为突破口按照"适度从紧"的原则开展配额分配，尽快完成系统测试，开始真正的货币交易。在全国碳市场建设中必须注意几个问题：首先，碳市场建设必须让部分省份有利可图，否则如果每个省份都能实现节能减排目标，也就没有必要建设碳交易市场。反之亦然，如果标准过于苛刻，每个省份都不能完成，那么也无法实现碳市场的良性运转。其次，应结合产业结构、经济发展阶段为不同省份建立差异化标准，同时促进各主体通过碳市场调节余缺，促进减排。

## 三、完善生态补偿机制

完善生态补偿机制，丰富生态补偿手段，拓宽生态补偿渠道，深化区域联动，推动协同发展是生态补偿、区域协调发展领域的改革路径。首先，要正视不同区域由于主体功能定位不同，在国家经济社会发展中承担着不同的职责，要正确认识区域间的生态补偿机制。其次，要不断完善生态补偿机制，拓宽社会各方参与渠道，建立政策、市场、资金等多种补偿手段，使生态补偿机制更加灵活多样；通过资金补偿、对口协作、产业转移、人员培训、共建园区等形式建立横向补偿机制，形成绿色协调、共享共赢的区域协调发展新格局。改革路径要以完善生态补偿机制为核心，丰富生态补偿手段，拓宽生态补偿渠道，最终达到区域协调发展的目标。

### （一）建立公平的生态补偿机制

受资源、地理、历史等因素的影响，各流域、各省区经济发展水平和能耗水平差异巨大，而在每个省份内，也存在各市发展水平不一的情况。发达地区耗费了大量能源，却往往很少对能源输出地区的环境和生态损失给予补偿，某些在东部地区限制发展的产业出现向中西部地区转移的情况，若对各省区统一要求，显然是不公平的。在公平性原则下，为了促进国家整体协调发展，经济相对发达的省份有义务承担更大的责任，亟待建立公平的生态补偿机制。

实施生态补偿是调动各方积极性、保护好生态环境的重要手段，是生态文明制度建设的重要内容。生态补偿机制是以保护生态环境、促进人与自然和谐为目的，根据生态系统服务价值、生态保护成本、发展机会成本，综合运用行政和市场手段，调整生态环境的保护和建设相关各方之间利益关系的一种制度安排。生态补偿主要针对区域性生态保护和环境污染防治领域，是一项具有经济激励作用、与"污染者付费"原则并存、基于"受益者付费和破坏者付费"原则的环境经济政策。

### （二）探索多元化的补偿机制

基于"受益者付费和破坏者付费"原则，坚持"谁开发谁保护、谁受益谁补偿"的原则，因地制宜选择生态补偿模式，不断完善政府对生态补偿的调控手段，充分发挥市场机制作用，动员全社会积极参与，逐步建立公平公正、积极有效的生态补偿机制，逐步加大补偿力度；积极探索区域间生态补偿方式，从体制、政策上为欠发达地区的异地开发创造有利条件；制定横向生态补偿机制办法，以地方补偿为主，中央财政给予支持；在国家层面制定关于生态补偿相关的法律法规，以保障生态补偿政策的顺利实施。

综合运用行政和市场手段，引导社会各方参与环境保护和生态建设。培育资源市场，开放生产要素市场，使资源资本化、生态资本化，使环境要素的价格真正反映它们的稀缺程度，可达到节约资源和减少污染的双重效应，积极探索资源使（取）用权、排污权交易等市场化的补偿模式。同时，建立以政府投入为主、全社会支持生态环境建设的投资融资体制，积极利用国债资金、开发性贷款，以及国际组织和外国政府的贷款或赠款，努力形成多元化的资金格局。

### （三）区域联动发展

实施区域协调发展战略是新时代国家重大战略之一，是贯彻新发展理念、建设现代化经济体系的重要组成部分。区域协调发展是各地区的协调发展，各个地区的资源禀赋和主体功能定位是不相同的，要实现经济社会发展与生态环境保护有机统一确实需要建立起有效的协调机制，而生态补偿机制是建立这一协调机制的重要举措。但是，要促进区域协调发展，做好生态保护和经济社会发展，光靠中央政府给予直接支持还是不够的，还需要建立跨区域、跨流域的横向生态补偿机制。要贯彻绿水青山就是金山银山的重要理念，以及山水林田湖草是生命共同体的系统思想，鼓励相关地区通过资金补偿、对口协作、产业转移、人员培训、共建园区等形式来建立横向的补偿关系。具备条件的跨省流域可以开展横向生态补偿。未来几年，力争使跨流域、跨省区的横向补偿制度更加完善、力度更大。

生态环境系统是一个整体，某些地区、群体为保护生态付出的代价应当被承认并给予适当偿还，变生态功能的无偿使用为有偿使用。无论是重要的生态功能区还是主要大江大河源头的西部地区，多数在上游。上游植树造林、保护水土使下游居民的生态环境得到改善，就产生了正的外部性。生态建设和环境保护的受益者是有责任对生态的保护者和建设者支付费用的。各流域、各省区间的经济发展与生态环境保护建设必须突出资源环境功能的互补，着眼于构建长效机制，上下游补偿方式可以是跨省的，也可以是省内跨市、县的，还可以是局部地区不同行业、不同生态要素或自然资源开发单位之间的。这样通过完善的生态补偿机制，可以构建协调发展新格局，实现区域联动，助推经济发展，最终达到多方共赢的目的。

## 四、打造绿色产业

打造绿色产业，推动传统产业升级改造，加大环境治理力度，坚持以绿色发展理念推动高质量发展是着眼于实现绿色发展和高质量发展的改革路径。通过发展以节能环保产业等为代表的绿色产业，一方面推动传统产业改造升级，实现产业存量的绿色化；另一方面，加大环境治理力度，注重城乡联动，不断实现环境存量的改善。通过加强科技创新，扶持高科技企业做大做优做强，大力发展高附加值、低能耗、低污染的新兴产业，实现新旧动能转换。改革路径要以绿色发展为核心，改造提升传统产业，大力发展绿色产业，最终实现经济高质量发展。

### （一）构建绿色产业

绿色产业的发展应走以政府为主导、以企业为主体、社会公众积极参与的道路。要积极推进传统产业绿色化，加大对绿色产业的投资和信贷，调整产业结构，促进绿色转型和可持续发展。

1. 深化产业升级

产业结构对于资源消耗和污染排放都有重要影响。在未来发展过程中，应以减物质化和非物质化为基本原则，逐渐降低简单劳动产业所占比重，发挥区域创新优势，大力发展现代制造业和现代服务业，加大绿色产业的经济比重。

2. 推进节能减排

要继续将节能减排作为重要抓手，促进结构调整和发展转型。节能减排需在结构调整上做文章，控制高耗能、高污染行业的过快增长，以能效、环保、安全、质量标准加快淘汰落后产业、产品和工艺技术；要严格实行排污许可管理制度，强化目标责任制的落实和评价考核，避免重化工业的盲目扩张。

3. 加强科技创新

提升科技创新能力是实现绿色产业发展的重要动力。要摒弃资源浪费、环境破坏的传统技术，加快开发绿色低碳技术，优化生产工艺。在有色金属、钢铁等行业中，开发新型高效绿色低碳技术，提高资源能源的利用效率；在节能环保产业中，鼓励企业加强与科研院所横向合作，吸收智力资源促进科技创新，最终构建资源节约、环境友好的科技支撑体系。

### （二）升级改造传统产业

1. 创新驱动传统产业升级改造

中国的传统支柱产业更多的是资源依赖型的发展模式，主要是依靠本地区的资源优势，尤其矿产资源的比较优势，通过开采自然资源，对其进行简单加工，以实现经济增长。此类产业需要从资源依赖型的发展模式向创新驱动型发展模式演进。创新化的发展模式是一种结构性的发展。一方面，创新驱动型的经济增长发生在实现经济发展的同时，能够不断减少资源消耗，实现生产效率的提高；另一方面，创新驱动型的经济增长能够根据经济发展的不同阶段，实现比较优势的动态转换，并通过创新实现产业和产品技术含量和附加值的提升。另外，创新驱动型的经济增长具有内生增长动态适应机制，能够根据国际经济环境的变化调整区域经济结构。

2. 淘汰落后产能

产能过剩问题成为经济高质量发展面临的现实问题之一，它是中国经济发展不平衡不充分的综合体现，也是长期以来中国经济高速发展过程中积累的各种矛盾的聚集结果，其背后涉及政策设计、资源要素配置、考核体系、科技创新、管理体制改革以及对外贸易策略选择等一系列问题。需要注意的是，落后产能不等于过剩产能。落后产能是基于生产设备技术参数标准、生产工艺水平、环保要求和生产效率判断得出的，过剩产能是基于生产要素保障度和市场供求状况判断界定的，因此，过剩产能是一个相对概念。在当下产能过剩的行业，随时间推移、经济环境变化，有可能演化为均衡产能行业。在供给侧结构性改革中提到的"三去一降一补"中的去产能，就是指落后产能和重复建设形成的产能。落后产能概念是绝对的，达不到环保标准的设备如果不经改造，那么无论何时何地从技术角度永远是落后产能。因此，当各省政府在实行淘汰落后产能和化解产能过剩时，应当作两件事来做：对于落后产能坚决淘汰，对于产能过剩需要谨慎停机。

### （三）持续开展环境治理

#### 1. 空气污染治理

为了满足现阶段空气污染处理工作的要求，进行工业废气排放限制方案的应用是必要的。相关的发电厂及其工厂，需要做好环保技术应用工作，确保工艺的升级及其改造，保证工作效率的提升，实现对资源的循环使用、节约使用和高效使用。针对汽车尾气状况，需要落实好城市公共交通建设，提倡自行车代步，减少普通汽车的使用量。相关单位需要进行城市环境管理体系的健全工作。在城市空气污染的治理过程中，落实好相关的环境保护制度是必要的，强有力的法律条规能够为环境保护创造一个健康的法律环境。国家的相关环境部门需要进行空气污染治理体系的健全工作，做好城市空气污染的防护及其处理工作。在城市发展过程中，进行新能源的应用是必要的，资源的应用状况是产生环境污染的源头。这就需要实现新型清洁能源的应用，提升能源的应用效率，降低工业及其民众的资源依赖率，通过新型清洁能源的应用，从而满足城市空气污染的治理要求。

#### 2. 水源污染处理

一方面，为了控制城市水源环境的污染源头，城市相关环境管理部门需要对污水源头进行控制，强化对水污染源头的治理。需要根据实际污染情况找出污染源头，进行水污染情况监测点的建立，要有计划、有规律地进行水污染情况的监测。这一环节的开展，需要国家给予相关的政策支持，针对污染排放的钉子户，需要给予相应的经济惩罚，从而避免水污染管控出现治标不治本的问题。在企业发展过程中，国家需要给予一定的环境保护优惠政策，确保污水处理工作的良好运作。城市的相关部门需要进行水资源污染检测方案的优化，针对城市水资源污染的原因，展开不同防治措施的开展。从水资源污染状况上来看，水资源污染状况分布广且地区分散。在水资源污染处理过程中，要处理好较大的水污染问题，再去处理其他的水污染问题。城市的相关环境管理部门，需要针对不同的水污染区域展开持续性的监控及其管理。

另一方面，应建立农村环境治理体制机制，并将城市环境治理过程中富有成效的技术手段和经验措施，应用到农村环境治理过程中。因此，需要开展以下工作：

（1）进一步加强制度创新

政府部门履行环境责任的思路和方向越来越清晰，要让管生产、管发展的也要管好环保。虽然各地出台的环保责任清单明确了地方党委政府和各部门环保职责，但要相关部门真正发挥作用，还需要进一步完善相关制度。

（2）建立农村生态环境治理体制

统筹城乡建立生态环境保护目标责任体系，一并落实党委和政府的农村生态环境保护责任，生态环境部门统一监管，相关部门分工负责，构建党委领导、政府负责、社会协同、公众参与、法治保障的农村生态环境治理体制。

（3）打好农业农村污染治理标志性战役

以改善农村人居环境为目标，治理农村生活污水垃圾，强化饮用水水源地保护，推进畜禽养殖污染防治，加大农业面源污染防治监督指导力度，加大环境执法监管力度，打好农业农村污染治理标志性战役。这方面城市和农村要统一标准，特别是在源头准入方面要注意避免污染转移，治理规划安排也要兼顾城乡。

**（四）推动环境管理和治理设施的城乡统筹联动**

在供水以及污水处理、垃圾处理等环境公共服务方面，乡镇和农村可以充分依托、利用市县的基础设施。市县生态环保综合执法队伍可以下沉到重点乡镇或者按照乡镇连片设置，依托综合治理网格加强生态环保的巡查、管理力量。

## 五、完善产权制度

完善产权制度，构建环境治理和生态保护市场主体，形成价格调控机制，推行权利市场交易制度，实现要素市场化配置，是推动生态文明领域市场化机制发展的改革路径。建立所有权、使用权权属清晰的产权制度，以市场手段为主，以行政手段为辅，构建能源、环境市场交易体系；发展壮大市场主体，不断完善用能权、排污权、水权、碳排放权等交易机制，通过价格调控实现要素市场化配置，减少资源浪费。改革路径要以构建生态文明领域的市场化机制为核心，以市场化机制的四项基本要素（产权、主体、交易和价格）为着力点，继续推进生态文明领域的市场化改革。

### （一）建立健全产权制度

著名的产权经济学家阿尔钦对产权的定义是：一种通过社会强制而实现的对其经济物品的多种用途进行选择的权利。他不仅把产权作为一种权利，而且强调产权作为一种制度规则，是形成并确认人们对资产权利的方式，是一系列旨在保障人们对资产的排他性权威进而维持资产有效运行的社会制度。本书谈到的产权是一种广泛意义上的产权概念，用能权、排放权等也是一种产权，只要具备了狭义产权特性，经济物品就可以用来评价、交易。例如，碳排放权是发生在人类保护环境过程中产生的国家与国家之间、国家与企业之间以及企业与企业之间为顺利完成对温室气体的减排任务而形成排放配额的交易行为。它不仅包括排放行为主体可以排放的额度，同时规定超额排放的行为将受到相应的制裁。作为一种产权，碳排放权不仅是一种服务于环境改善目标的人造工具，也是一种制度安排。在国际社会对环境问题达成普遍共识的《联合国气候变化框架公约京都议定书》的框架下，碳排放权交易可以协调和规范世界范围内各缔约成员国之间的利益分配，同时在执行条约的过程中还应具有其强制性的一面。

通过对碳排放交易的具体过程分析，可以发现碳排放权具有如下特征：

1. 稀缺性

由于碳排放权交易的实质就是对环境容量使用权的获取，当环境容量使用相对宽松的时候，其污染物排放对环境的危害性也相对较小。随着人口增加，当经济增长污染排放的积累达到环境容量的许可上限时，污染排放对外部环境的危害也相应地表现出来，环境容量的稀缺性也相应地提高。

2. 强制性

如果在环境容量稀缺度不断提高的情况下，不能对环境容量进行产权界定，就无法对环境容量实现合理定价和有偿使用，其结局就是所有人无节制地争夺使用有限的环境容量。因此，国家需建立起强制性地以法律规范的形式表现出来的对碳排放权交易的规定。

3. 排他性

碳排放权的排他性与其他所有权的排他性是一致的，这种排他的对象也是多元化的，除了某一个主体外其他一切个人和团体都在被排斥对象之列，而这种排他性的实质就是碳排放权的主体行为人的对外排斥性和对特定减排额度的垄断性。

### 4. 可交易性

碳排放权作为当前碳贸易市场中的交易客体具有明显的可交易性。作为一种独立的产权，碳排放权是权利行为主体在可交易市场环境下对其减排额度的交易，即发生所有权的改变。这种可交易性为现实进行交易提供了可能。既然是可交易的，就必定存在价格上的波动。作为商品的表象特征，价格的起伏必将贯穿碳贸易的始终。这种可交易性也为不同行为主体间的交易提供了保障，从而保障了所有权属高度的自由性。

### 5. 可分割性

碳排放权作为减排配额的权利体现，相对于其他可交易的权属也存在数量的可分割性，作为一个减排项目来说，可以同时行使全部减排额度，也可以将减排的额度分别转让给不同的企业。用能权、排污权、水权等同样可以采用类似的分析过程，这样就可以从理论上明确其产权本质，从而为进一步完善产权制度夯实基础。

## （二）构建环境治理和生态保护市场主体

### 1. 构建环境资源产权交易市场

资源和环境保护的较大缺陷是管理机制和压力机制过多，而利益驱动机制和动力机制缺乏，即缺乏市场机制。生态补偿的市场化机制有赖于建立公平交易的环境产权交易市场。众多产权主体通过市场机制的调节可以提高交易的效率。交易主体为获得所需的环境资源产权会竞相出价，通过竞争使产权归属于出价最高者。获取此环境资源产权的高成本必然会促使权利主体有效地使用权利、保护权利，还可以避免因对该环境资源的产权垄断所导致的污染环境、过度利用资源、低效率运作和外部不经济性等。为了解决污染的问题，还应该在条件成熟时鼓励跨区域产权交易。通过市场机制使环境产权的流转及环境财富的生产和"负生产"、交换、分配及使用的利益机制自动地加以调节，走上良性循环的轨道。

### 2. 建立环境资源的价格制度，促进生态的市场化补偿模式发展

价格机制是市场机制的核心，在生态补偿中价格也是供需双方开展交易的关键要素。生态建设者、服务者和生态受益者、消费者只有达成了双方都接受的价格水平，交易才有可能实现。双方都能接受的价格水平（补偿费水平）取决于生态建设和环境保护的受益者的支付意愿和供给者保护者的受偿意愿。而消费者是否愿意长期为某种环境服务付费，关键在于他们是否相信自己所付出的资金确实

用到了维护或改进所涉及的环境服务。与此同时，受益者、消费者支付的价位应不低于建设者、服务者从其他途径可能获得的收益水平即机会成本。所以在法律上建立环境资源的价格制度，才能有效促进生态的市场化补偿模式发展。

3. 完善生态税制度

我国生态补偿金分为生态补偿税和生态补偿费两种。生态补偿税包括资源税和城镇土地使用税等。无论是生态补偿税中的资源税（主要是矿产资源），还是生态补偿费中所征收的资源费，都侧重于对资源的经济性使用价值的补偿，反映的是资源使用者与资源所有者（国家）的利益分配关系，都缺乏真正意义上对资源生态属性的补偿。换言之，种种资源税或资源费，都只是解决了资源经济补偿问题，即就单种资源的消耗（稀缺性和有用性）对资源的所有人或经营人的补偿，而自然资源固有的生态环境价值没被考虑。

### （三）建立用能权市场交易制度

用能权有偿使用和交易的核心是将资源的所有权和使用权明晰化，平衡用能单位私人成本与社会成本的关系，促进用能单位平衡能源使用，促进能源利用效率的最大化，从而避免由于能源使用和排放导致"公地悲剧"。用能权有偿使用和交易目前处于试点阶段，存在着潜在问题和难点是：交易主体界定的道德风险，用能企业基础数据的准确性和可比性问题，用能权初始确权的难点，监督监管存在的问题。要真正发挥用能权有偿使用和交易制度的作用，需从源头的顶层制度设计上注意避免和克服一些问题和难点。

在大范围试点用能权的时候需要做到如下几点：

①区分行业并制定交易主体细化的差异化标准，对于产能过剩行业和战略性新兴行业、高耗能行业和非高耗能行业、重点用能单位和非重点用能单位，要根据经济发展、行业特点制定细化的差异化标准，并随着行业发展进行及时调整。

②通过管理和监测等手段保证企业基础数据的准确性和公平性，用能单位基础数据的准确性和公平性要求企业必须按照规定配送能源计量器具，并坚持正确合理使用，同时，必须建立第三方审核机构，确保企业不会弄虚作假。

③初始确权要体现差异性、准确性和科学性，为此，必须对各个行业进行深入调研，摸清各个行业的能耗特点和现状，体现出行业和企业的个体差异，从而保证了有效的交易空间。

④必须制定严格的管理办法强化监督和监管，建议一方面要制定用能权有偿使用和交易监督实施细则；另一方面要制定针对交易机构、第三方审核机构等相关方的管理办法，强化对相关机构的监督和监管，预防出现制度漏洞，保证用能权交易的公平与公正。

## 六、明晰责任主体

明晰主体责任，完善考核监督机制，严格责任追究是进一步强化政府行政管控的改革路径。

①明确自然资源管理主体，以及生态环境损害责任追究对象。

②通过科学完善的考核机制，辅以自然资源资产离任审计、生态文明专项巡视等监督机制，加强过程管控。

③通过责任追究、严格执纪执法等形成政府责任闭环管理。

改革路径以生态文明绩效评价考核和责任追究为核心，明确责任主体，完善考核监督和责任追究机制，更好地发挥政府对生态文明建设的推动作用。

### （一）明晰主体责任

2015年，中办、国办联合印发的《党政领导干部生态环境损害责任追究办法（试行）》将地方党委领导成员作为追责对象，明确地方各级党委和政府对本地区生态环境和资源保护负总责，党委和政府主要领导成员承担主要责任，其他有关领导成员在职责范围内承担相应责任，旨在推动党委、政府对生态文明建设共同担责，落实权责一致原则，实现追责对象的全覆盖。

继续推行河长制、湖长制度，探索林长制、田长制等。中办、国办联合发布的《关于全面推行河长制的意见》《关于在湖泊实施湖长制的指导意见》等文件，是解决我国复杂山水林田湖问题、维护山水林田湖健康生命的有效举措，是完善水治理体系、保障国家水安全的制度创新。

### （二）考核监督

节能减排对经济发展是"减"也是"加"，减的是污染经济，加的是蓝天白云和新经济。减少高耗能产业发展，加强循环经济、再生物质回收等产业发展，即增加国内生产总值（GDP）的绿色含量。因而，从源头上"减"，从过程中"减"，形成绿色考核监督机制，才能实现结果上的"加"。2016年，中办、国办联合发布了《生态文明建设目标评价考核办法》《环境保护督查方案》等，国家发改委印发《绿色发展指标体系》《生态文明建设考核目标评价考核办法》，建立了生态文明建设目标指标，将节能减排纳入党政领导干部评价考核体系，五年考核和年度考核相结合，为推动绿色发展和生态文明建设提供坚强保障。

1. 建立"双控"目标分解机制

2016年，《"十三五"节能减排综合工作方案》将全国能耗"双控"目标任务分解至各地区、主要行业和重点用能单位，加强目标责任评价考核。各地区根据国家下达的任务明确年度工作目标并层层分解落实。"十三五"期间，依旧有部分省份发现难以实现分配目标，主要原因是各地在经济发展及能源资源方面存在的差异较大，因此在建立地方目标责任制之前需要对不同地区的单位国内（地区）生产总值能耗以及能源消费情况进行具体研究，挖掘其内在的影响机制，为综合考虑各地区经济社会发展水平和阶段，科学合理地制定节能分解目标提供理论基础。而对于部分能源消耗大省更需要充分评估其主体功能定位、产业结构和布局、能源消费现状、能效水平、资源禀赋、区域发展政策等因素，强化重点用能省份节能管理。

2. 追根溯源，完善绿色考核机制

加强节能监督检查，查处违法违规用能行为。建立健全节能管理、监察、服务"三位一体"的节能管理体系，加强能力建设，提高节能管理服务水平；合理规划高耗能项目，把节能审查作为"双控"的重要手段，严控产能严重过剩行业和高耗能行业能源消费总量。这就要求我们：第一，不能再随意对高耗能项目松口；第二，必须建立合适的"绿色经济"考核体系；第三，对于现有高污染、高消耗企业不能"一刀切"式的关停，地方政府也有义务和责任去引导企业进行转型；第四，实施节能重点工程，重点推进用能单位综合能效提升、合同能源管理、城镇化节能升级改造等工程；第五，倡导绿色生活，推行绿色消费，深入开展全民节能行动，强化宣传引导和社会监督，动员全社会参与。

3. 发挥巡视利剑作用

巡视是党内监督的战略性制度安排，生态文明建设是党中央的重大决策部署，此建议将生态文明建设纳入专项巡视范围，充分发挥巡视政治监督、组织监督、纪律监督作用，为打赢蓝天保卫战、顺利实现生态文明体制改革目标提供有力保障。围绕党中央重大决策部署，集中在一个领域加强党内监督，是坚决维护习近平总书记核心地位、坚决维护党中央权威和集中统一领导的具体举措，也是进一步深化政治巡视、推动中央生态文明建设方针政策贯彻落实的具体行动。

4. 完善生态问题群众举报处理机制

构建生态环境问题及时发现机制，建立各级举报平台，设立公开、固定的督察举报电话、信箱、网址，发挥信访渠道作用，及时收集处理和回复群众反映的环保问题，构建起群众举报处理问题常态化机制。

### （三）责任追究

2012 年，生态文明被写入党章，2017 年，党的十九大把将实行最严格的生态环境保护制度、增强绿水青山就是金山银山的意识、建设富强民主文明和谐美丽的社会主义现代化强国等内容写进党章。2018 年 3 月，十三届全国人大一次会议第三次全体会议表决通过了《中华人民共和国宪法修正案》，生态文明历史性地写入宪法。《关于加快推进生态文明建设的意见》明确要求，"严格责任追究，对违背科学发展要求、造成资源环境生态严重破坏的要记录在案，实行终身追责，不得转任重要职务或提拔使用，已经调离的也要问责。对推动生态文明建设工作不力的，要及时诫勉谈话；对不顾资源和生态环境盲目决策、造成严重后果的，要严肃追究有关人员的领导责任；对履职不力、监管不严、失职渎职的，要依纪依法追究有关人员的监管责任。"

1. 坚定不移推进党员领导干部生态环境损害责任追究制度

2015 年，中办、国办发布了《党政领导干部生态环境损害责任追究办法（试行）》，党政领导干部生态环境损害责任追究，坚持依法依规、客观公正、科学认定、权责一致、终身追究的原则。针对地方党委和政府主要领导成员确定了 8 种追责情形，针对地方党委和政府有关领导成员确定了 5 种追责情形，针对政府有关工作部门领导成员确定了 7 种追责情形，针对利用职务影响的党政领导干部确定了 5 种追责情形。该办法对于加强党政领导干部损害生态环境行为的责任追究，促进各级领导干部牢固树立尊重自然、顺应自然、保护自然的生态文明理念，增强各级领导干部保护生态环境、发展生态环境的责任意识和担当意识，推动生态环境领域的依法治理，不断推进社会主义生态文明建设，都具有十分重要的意义，应坚定不移推行政策落地实施。各级党委和政府及其有关部门要狠抓《党政领导干部生态环境报告责任追究办法（试行）》落实，使之落地生效、见诸实施。要加强宣传，让各级领导干部知晓，在生态环境领域该干什么不该干什么；要让广大群众了解，监督干部认真执行；要细化措施，各省、自治区、直辖市党委和政府可制定实施细则，国务院负有生态环境和资源保护监管职责的部门应当制定落实的制度和措施；要强化问责，对出现责任追究的情形和问题，有关党委和政府及其工作部门必须追责到位；要加强督查，组织部门要会同有关机关和部门及时检查《党政领导干部生态环境报告责任追究办法（试行）》落实情况，积极解决执行中出现的问题，确保《党政领导干部生态环境报告责任追究办法（试行）》的各项规定落到实处。

2. 对领导干部实行自然资源资产离任审计制度

制定自然资源资产负债表编制指南，构建水资源、土地资源、森林资源等的资产和负债核算方法，建立实物量核算账户，明确分类标准和统计规范，定期评估自然资源资产变化状况。在市县层面开展自然资源资产负债表编制试点，核算主要自然资源实物量账户并公布核算结果。在合理考虑客观自然因素基础上，以领导干部辖区内自然资源资产变化状况为考核基准，基于自然资源资产负债表的编制，通过审计的方式，评价领导干部任期内对辖区自然资源资产管理的责任履行状况，合理运用审计结果，评价要做到客观公正，依法界定领导干部应当承担的责任。

# 参考文献

[1] 宋煜. 生态文明 [M]. 北京：化学工业出版社，2016.

[2] 常杰，葛滢. 生态文明中的生态原理 [M]. 杭州：浙江大学出版社，2017.

[3] 中国环境科学学会. 传统文化与生态文明 [M]. 北京：华文出版社，2018.

[4] 陈士勇. 新时期公民生态文明教育研究 [M]. 长沙：湖南师范大学出版社，2018.

[5] 何小刚. 生态文明新论 [M]. 上海：上海社会科学院出版社，2016.

[6] 陈丽鸿. 中国生态文明教育理论与实践 [M]. 北京：中央编译出版社，2019.

[7] 曹鹤舰. 新时代中国生态文明建设 [M]. 成都：四川人民出版社，2019.

[8] 刘鹏. 生态环境损害法律责任研究 以马克思主义生态文明观为视角 [M]. 武汉：华中科技大学出版社，2019.

[9] 盛晓娟. 城市生态文明评价 [M]. 北京：中国经济出版社，2019.

[10] 于法稳，胡剑锋. 生态经济与生态文明 [M]. 北京：社会科学文献出版社，2012.

[11] 陈思佳，杨双双. 生态文明"十年答卷" [J]. 今日中国，2022，71（10）：29-33.

[12] 李品诺. 生态文明之我见 [J]. 环境教育，2022（5）：69.

[13] 段欣荣. 生态文明与绿水青山 [J]. 亚热带水土保持，2022，34（4）：46-51.

[14] 朱启臻. 乡村生态文明智慧 [J]. 人与生物圈，2021（C1）：140-145.

[15] 罗岑. 习近平生态文明思想研究 [J]. 大庆社会科学，2023（1）：22-26.

[16] 张新钢. 写好生态文明答卷 [J]. 唯实，2021（3）：77-79.

[17] 蔡志良. 生态文明教育的价值取向 [J]. 中国德育，2022（20）：1.

[18] 郭桂玲. 生态文明与森林保护 [J]. 新农业，2021（2）：30.

[19] 覃升锋. 广西生态文明立法研究 [J]. 法制与经济，2022，31（6）：55-64.

[20] 王颖璞 . 生态文明建设的哲学意蕴 [J]. 作家天地，2022（9）：188-190.

[21] 张婉婉 . 生态文明视域下民生发展研究 [D]. 青岛：青岛理工大学，2022.

[22] 夏小霞 . 生态文明的中国话语研究 [D]. 武汉：华中农业大学，2022.

[23] 张伟 . 习近平生态文明思想内在逻辑研究 [D]. 聊城：聊城大学，2022.

[24] 柳逊 . 习近平海洋生态文明观研究 [D]. 青岛：青岛科技大学，2022.

[25] 杜昌建 . 我国生态文明教育研究 [D]. 天津：天津师范大学，2014.

[26] 赵明霞 . 我国农村生态文明建设的制度建构研究 [D]. 天津：河北工业大学，
2016.

[27] 龚静源 . 生态文明幸福观历史生成研究 [D]. 武汉：中国地质大学，2016.

[28] 汪希 . 中国特色社会主义生态文明建设的实践研究 [D]. 成都：电子科技大
学，2016.

[29] 岳文飞 . 生态文明背景下中国环保产业发展机制研究 [D]. 吉林大学，2016.

[30] 张铭 . 生态文明建设在"五位一体"全面布局中的地位及其实践探究 [D]. 昆
明：昆明理工大学，2022.

[31] 苟廷佳，陆威文，薛华菊 . 青海省沿黄县域生态文明建设评价系统构建及实
证研究 [J]. 生态科学，2023，42（1）：223-233.

[32]] 冷湘梓，董上上，叶懿安，等 . 江苏省生态文明建设示范创建路径初探 [J].
环境生态学，2023，5（1）：113-118.

[33] 吴季松 . 生态文明建设 [M]. 北京：北京航空航天大学出版社，2016.

[34] 刘建伟 . 绿色发展与生态文明 [M]. 西安：西安电子科技大学出版社，2020.

[35] 周琼 . 绿水青山 生态文明建设的根基 [M]. 昆明：云南教育出版社有限责任
公司，2022.

[36] 江丽 . 马克思恩格斯生态文明思想及其中国化演进研究 [M]. 武汉：武汉大
学出版社，2021.

[37] 高娜 . 中国荒漠治理的实践反思及其对生态文明建设的当代价值 [D]. 延安：
延安大学，2022.

[38] 陈浩然 . 社会主义生态文明观培育研究 [D]. 南昌：南昌大学，2022.

[39] 罗琼. 生态文明中国之路的演进逻辑、伟大成就与着力方向 [J]. 治理现代化研究，2023，39（1）：89-96.

[40] 华启和，张月昕. 乡村生态振兴背景下加强农民生态文明教育的战略思考 [J]. 东华理工大学学报 ( 社会科学版 )，2022，41（6）：538-543.